Edificación y eficiencia energética en los edificios

Ramón Guerrero Pérez

ic editorial

Edificación y eficiencia energética en los edificios

1ª Edición

Editado por: IC Editorial
c/ Cueva de Viera, 2, Local 3
Centro Negocios CADI
29200 Antequera (Málaga)
Teléfono: 952 70 60 04
Fax: 952 84 55 03
Correo electrónico: iceditorial@iceditorial.com
Internet: www.iceditorial.com

ISBN: 978-84-1184-804-6
Depósito Legal: MA 724-2025

Impresión: PODiPrint
Impreso en Andalucía – España

Nota de la editorial: IC Editorial pertenece a Innovación y Cualificación S. L.

Presentación del manual

El **Certificado de Profesionalidad** es el instrumento de acreditación, en el ámbito de la Administración laboral, de las cualificaciones profesionales del Catálogo Nacional de Cualificaciones Profesionales adquiridas a través de procesos formativos o del proceso de reconocimiento de la experiencia laboral y de vías no formales de formación.

El elemento mínimo acreditable es la **Unidad de Competencia.** La suma de las acreditaciones de las unidades de competencia conforma la acreditación de la competencia general.

Una **Unidad de Competencia** se define como una agrupación de tareas productivas específica que realiza el profesional. Las diferentes unidades de competencia de un certificado de profesionalidad conforman la **Competencia General,** definiendo el conjunto de conocimientos y capacidades que permiten el ejercicio de una actividad profesional determinada.

Cada **Unidad de Competencia** lleva asociado un **Módulo Formativo,** donde se describe la formación necesaria para adquirir esa **Unidad de Competencia,** pudiendo dividirse en **Unidades Formativas.**

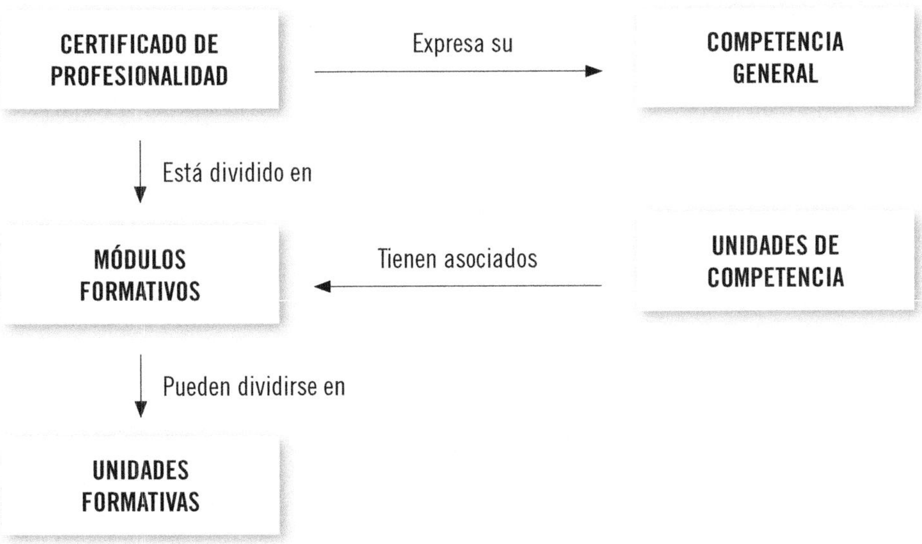

El presente manual desarrolla la Unidad Formativa **UF0569: Edificación y eficiencia energética en los edificios,**

perteneciente al Módulo Formativo **MF1195_3: Certificación energética de edificios,**

asociado a la unidad de competencia **UC1195_3: Colaborar en el proceso de certificación energética de edificios,**

del Certificado de Profesionalidad **Eficiencia energética de edificios.**

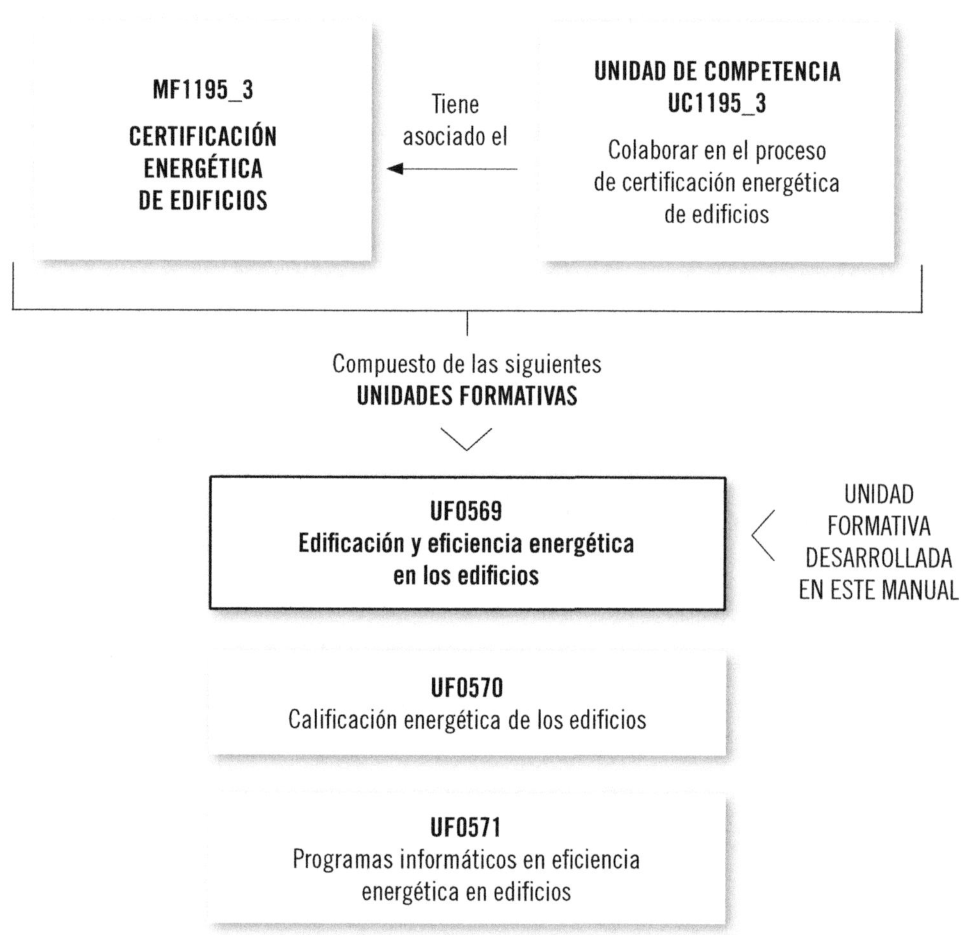

FICHA DE CERTIFICADO DE PROFESIONALIDAD

(ENAC0108) EFICIENCIA ENERGÉTICA DE EDIFICIOS (R. D. 643/2011, 9 de mayo)

COMPETENCIA GENERAL: Gestionar el uso eficiente de la energía, evaluando la eficiencia de las instalaciones de energía y agua en edificios, colaborando en el proceso de certificación energética de edificios, determinando la viabilidad de implantación de instalaciones solares, promocionando el uso eficiente de la energía y realizando propuestas de mejora, con la calidad exigida, cumpliendo la reglamentación vigente y en condiciones de seguridad.

Cualificación profesional de referencia	Unidades de competencia		Ocupaciones o puestos de trabajo relacionados:
ENA358_3 EFICIENCIA ENERGÉTICA DE EDIFICIOS (R. D. 1698/2007, de 14 de diciembre de 2007)	UC1194_3	Evaluar la eficiencia energética de las instalaciones de edificios.	• Gestor energético • Promotor de programas de eficiencia energética • Ayudante de procesos de certificación energética de edificios • Técnico de eficiencia energética de edificios
	UC1195_3	Colaborar en el proceso de certificación energética de edificios.	
	UC1196_3	Gestionar el uso eficiente del agua en edificación.	
	UC1197_3	Promover el uso eficiente de la energía.	
	UC0842_3	Determinar la viabilidad de proyectos de instalaciones solares.	

Correspondencia con el Catálogo Modular de Formación Profesional		
Módulos certificado	Unidades formativas	Horas
MF1194_3: Evaluación de la eficiencia energética de las instalaciones en edificios	UF0565: Eficiencia energética en las instalaciones de calefacción y ACS en los edificios	90
	UF0566: Eficiencia energética en las instalaciones de climatización en los edificios	90
	UF0567: Eficiencia energética en las instalaciones de iluminación interior y alumbrado exterior	60
	UF0568: Mantenimiento y mejora de las instalaciones en los edificios	60
MF1195_3: Certificación energética de edificios	UF0569: Edificación y eficiencia energética en los edificios	90
	UF0570: Calificación energética de los edificios	60
	UF0571: Programas informáticos en eficiencia energética en edificios	90
MF1196_3: Eficiencia en el uso del agua en edificios	UF0572: Instalaciones eficientes de suministro de agua y saneamiento en edificios	60
	UF0573: Mantenimiento eficiente de las instalaciones de suministro de agua y saneamiento en edificios	40
MF1197_3: Promoción del uso eficiente de la energía en edificios		40
MF0842_3: Estudios de viabilidad de instalaciones solares	UF0212: Determinación del potencial solar	40
	UF0213: Necesidades energéticas y propuestas de instalaciones solares	80
MP0122 Módulo de prácticas profesionales no laborales		120

Índice

Capítulo 1
Fundamentos de la edificación y eficiencia energética

Capítulo 2
Condensaciones en la edificación

Capítulo 3
Permeabilidad de los materiales en la edificación

Capítulo 1

Fundamentos de la edificación y eficiencia energética

Contenido

1. Introducción

La eficiencia energética puede definirse como la disminución del consumo energético, manteniendo los mismos niveles de energía, sin reducir nuestro confort y calidad de vida, cuidando el medio ambiente, garantizando el abastecimiento y fomentando la sostenibilidad en el uso de los mismos.

La aprobación de nuevas normativas relacionadas con la eficiencia energética en los edificios está haciendo que, en el sector de la edificación, se tengan cada vez más en cuenta muchos aspectos relacionados con el consumo energético, como son: la iluminación, el aislamiento, la calefacción, la climatización, el agua caliente sanitaria, la certificación energética de las edificaciones, el uso de la energía solar, etc.

En este capítulo se estudiarán diversos aspectos básicos relacionados con la construcción y eficiencia energética de los edificios.

2. Tipología de edificios según su uso

Los edificios son construcciones realizadas por el hombre con el fin de albergar personas, animales, cosas, etc. Estas estructuras están cerradas por toda su superficie exterior, la cual está constituida por los muros, el techo y el suelo. Esto hace que en el interior de cada edificio exista algo parecido a un microclima.

Existen edificios de una amplia variedad de formas y funciones, los cuales se han ido adaptando según los requisitos y necesidades que se han ido planteando a lo largo de los años.

Fachada de un edificio

Los edificios se construyen para cubrir ciertas demandas de la sociedad, sirviendo fundamentalmente para:

- Poder vivir adecuadamente.
- Guardar pertenencias.
- Refugio frente a condiciones climáticas adversas.
- Trabajar de manera cómoda.
- Etc.

Sabía que...

Se cree que el primer edificio fue construido por el homo erectus (un antepasado del ser humano) hace unos 500.000 años.

La construcción y el posterior uso de los edificios conllevan un importante gasto energético, suponiendo un impacto considerable sobre el medio ambiente. Esto se debe fundamentalmente a que los edificios requieren de una gran cantidad de energía y materias primas para ser construidos, además de generan una importante cantidad de residuos muy perjudiciales para el medio ambiente.

Debido al continuo crecimiento, tanto de la economía como de la población, la tendencia en la construcción de edificios se orienta cada vez más a la creación de instalaciones accesibles, seguras, productivas y sostenibles.

Diseño sostenible

El diseño sostenible se podría definir muy brevemente como: "Producir igual pero contaminando menos", siendo sus objetivos fundamentales:

- Minimizar el agotamiento de los recursos naturales.
- Reducir la contaminación de las instalaciones y demás infraestructuras mientras estén operativas.
- Construir infraestructuras cómodas, productivas, seguras, habitables, etc.

2.1. Tipos de edificios

Los edificios se clasifican principalmente según la funcionalidad y el uso al que haya sido destinada su construcción, siendo los más habituales los que se describen a continuación.

Edificios residenciales

Los edificios residenciales son los destinados a ser usados como vivienda. Algunos ejemplos pueden ser: apartamentos, casas adosadas, mansiones, chalets, etc.

Edificio residencial

Edificios educativos y culturales

Como su propio nombre indica, los edificios educativos y culturales son aquellos que están destinados a la educación y cultura. Son lugares de reunión e identificación social. Ejemplos de este tipo de edificios son: museos, galerías de arte, tetaros, colegios, etc.

Edificio cultural: Palacio de Ferias de Málaga

Edificios comerciales

Los edificios comerciales son aquellos en los que se realiza cualquier tipo de actividad comercial. Los bancos, restaurantes y hoteles son algunos ejemplos de este tipo de edificios.

Banco de España (Madrid)

Edificios gubernamentales

Los edificios gubernamentales se caracterizan por albergar los organismos oficiales y de la administración estatal, regional o local. Algunos ejemplos son: ayuntamientos, consulados, tribunales, parlamentos, etc.

Parlamento Europeo (Bruselas)

Edificios industriales

Los edificios industriales son aquellos donde se desarrollan actividades de tipo productivo. Ejemplos de este tipo de edificios pueden ser: fábricas, centrales eléctricas, fundiciones, etc.

Central nuclear de Cofrentes (Valencia)

Edificios sanitarios

Los edificios sanitarios son instalaciones médicas cuyo objetivo es el cuidado de la salud de los enfermos. Ejemplos de edificios sanitarios pueden ser: ambulatorios, hospitales, clínicas, etc.

Hospital de Sant Pau (Barcelona)

Edificios agrícolas

Los edificios agrícolas son construcciones realizadas para poder desarrollar actividades de tipo agrícola en aquellas zonas acondicionadas para ello. Algunos ejemplos son: invernaderos, establos, gallineros, etc.

Huerto del Francés (Madrid)

Edificios militares

Estos edificios son aquellos que están destinados al uso de tipo militar. Algunos ejemplos de edificios militares pueden ser: cuarteles, fortificaciones, fortalezas, etc.

Cuartel de San Fernando (Cádiz)

Almacenes

Los almacenes son edificios que constituyen un espacio físico para el almacenamiento de bienes. Las naves industriales y los hangares son claros ejemplos de este tipo de edificios.

Almacén

Aparcamientos

Los aparcamientos son edificios que se utilizan para el estacionamiento de vehículos. Este tipo de edificios también suelen considerarse como estructuras del tipo almacén.

Parking

Edificios religiosos

Estos edificios son construcciones de orden religioso, tales como templos, museos, monasterios, catedrales, etc.

Catedral de Santiago de Compostela

Edificios deportivos

Los edificios deportivos son aquellos destinados a la realización de actividades y espectáculos de tipo deportivo. Los gimnasios, polideportivos y pabellones son claros ejemplos de edificios de este tipo.

Pabellón Polideportivo de Pinto (Madrid)

Nota

Para que cada uno de estos tipos de edificios cumpla el propósito para el cual han sido construidos, se hace necesario acondicionarlos adecuadamente de manera que en su interior se establezca un microclima que favorezca el cumplimiento de dicho propósito.

Actividades

1. Razone las características que cree que debería tener un edificio destinado al almacenamiento de alimentos.
2. Fíjese en algunos de los edificios más representativos de su localidad y determine la tipología a la que pertenecen.

3. Estructuras en la edificación

En la edificación, las estructuras constituyen el armazón que da forma a los edificios. Son muy importantes, ya que sostienen el conjunto y hacen que las cargas se transmitan a lo largo de toda la edificación, haciéndola resistente ante, por ejemplo, movimientos sísmicos.

Las estructuras suelen clasificarse atendiendo al material con el que han sido fabricadas. Las más importantes son:

- Estructuras de hormigón.
- Estructuras de acero.
- Estructuras de madera.

3.1. Estructuras de hormigón

Desde que se empezara a utilizar en el siglo XIX, el hormigón se ha convertido en el material estructural más usado.

El hormigón es un material de grandes prestaciones, a partir del cual se pueden elaborar estructuras extremadamente seguras y duraderas.

Este material presenta dos estados fundamentales:

- **El estado fresco o plástico:** este estado permite su manipulación para ser adaptado a la forma estructural prevista.
- **El estado endurecido:** una vez secado, el hormigón adquiere una rigidez tal que no permite su manipulación sin que se produzcan roturas visibles y/o irreversibles.

Estructura de hormigón

Composición y propiedades

El hormigón es el resultado de mezclar: un aglomerante (cemento), arena, grava (piedra machacada) y agua, aunque también se puede conseguir añadiendo grava a un mortero (mezcla de arena y agua con cemento).

Sabía que...

Los poros que se pueden apreciar en la superficie del hormigón se deben a la evaporación de su agua sobrante.

Una vez endurecidos, los hormigones se diferencian unos de otros según las propiedades que presenten. Las más representativas son:

- **La densidad:** la densidad del hormigón varía dependiendo del tipo de árido utilizado en su elaboración:
  - Áridos ligeros: 1000 ~ 1300 kg/m^3.
  - Áridos normales: 2300 ~ 2500 kg/m^3.
  - Áridos pesados: 3000 ~ 3500 kg/m^3.

Definición

Densidad
La densidad de un elemento es la relación (cociente) que existe entre su peso y volumen.

- **Compacidad:** los hormigones que presentan una alta compacidad ofrecen una mayor protección frente a posibles infiltraciones de sustancias perjudiciales.
- **Permeabilidad:** la permeabilidad es el grado de accesibilidad que presenta el hormigón contra el paso de líquidos o gases. Esto dependerá fundamentalmente de la relación entre las cantidades de agua y cemento (agua/cemento) presentes en el material. Conforme mayor sea esta relación, el hormigón será más permeable.

- **Resistencia:** una vez endurecido, este material ofrece resistencia frente a las acciones de tracción, desgaste y compresión. Esta última hace del hormigón un material muy importante en la construcción, pudiendo llegar a tener un valor de hasta 100 Mpa en hormigones de alta resistencia. La resistencia a la tracción es mucho más pequeña, pero es muy importante en ciertas aplicaciones. La resistencia al desgaste, la cual es muy importante en los pavimentos, se puede conseguir con la utilización de áridos muy resistentes y relaciones agua/cemento muy pequeñas.
- **Dureza:** esta propiedad informa acerca del nivel de modificación que sufre la superficie del hormigón con el paso del tiempo como consecuencia del fenómeno de carbonatación.
- **Retracción:** la retracción es el fenómeno de acortamiento que sufre el hormigón debido a la evaporación progresiva del agua que contiene.

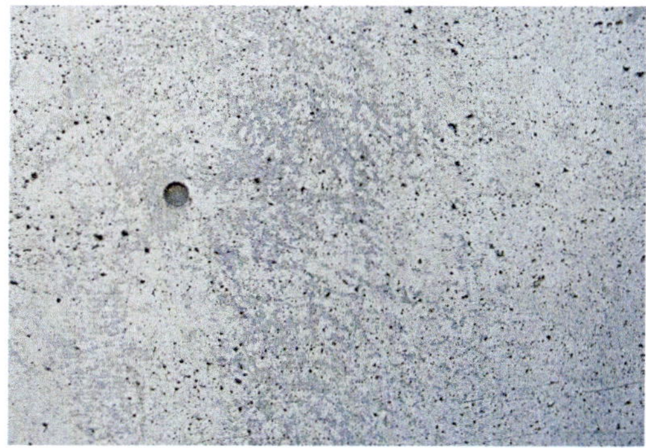

Superficie de hormigón

Definición

Tracción
Es un tipo de esfuerzo aplicado a un cuerpo que hace que tienda a estirarse.

Compresión
Las fuerzas que hacen que un cuerpo tienda a aplastarse o comprimirse se denominan fuerzas de compresión.

Continúa en página siguiente >>

<< Viene de página anterior

Fuerzas de tracción y compresión aplicadas a una barra

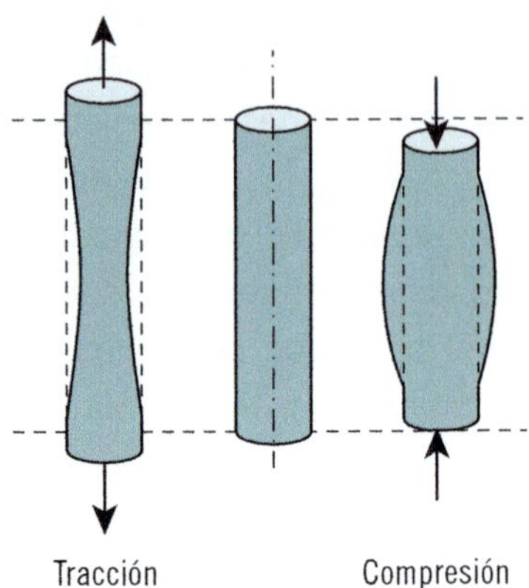

Tipos de hormigones

Son muchos los tipos de hormigones que se suelen utilizar en los trabajos de edificación. A continuación se describen algunos de los más importantes.

Hormigón prefabricado

El hormigón prefabricado es un tipo de hormigón que ha sido elaborado en una planta de producción fija. Una vez que han sido fabricadas y testeadas, las piezas de hormigón prefabricado se almacenan hasta que son entregadas a la obra correspondiente.

Hormigón armado

El hormigón armado es el resultado de unir adecuadamente hormigón con armaduras de acero. Esto da lugar a estructuras que resisten acciones que provocan esfuerzos de compresión y de tracción.

Pilares de hormigón armado

Hormigón pretensado

El hormigón pretensado es un tipo de hormigón que contiene acero al que se le ha aplicado previamente una fuerte tracción permanente. Esto permite que la estructura sea más resistente a dicho esfuerzo.

Hormigones ligeros

Los hormigones ligeros son hormigones que presentan densidades inferiores a las de los hormigones normales. La disminución de la densidad de este material se consigue gracias a la presencia de vacíos, ya sea en el árido, en el mortero o entre las partículas de árido grueso.

Nota

La disminución de la densidad de los hormigones hace que estos también pierdan resistencia.

Hormigones con fibras

El hormigón con fibras es un tipo de un hormigón fabricado con cemento, que contiene áridos finos y gruesos y fibras discontinuas. Estas fibras pueden ser de tipo natural o artificial y tienen la misión de reforzar la masa del cemento aumentando su resistencia a la tensión.

Las fibras que más se utilizan son las de acero, vidrio, polipropileno, carbono y aramida.

Fibras de acero

Actividades

3. ¿Qué tipo de hormigón crees que es más resistente a la tracción, el hormigón armado o el pretensado?

3.2. Estructuras de acero

El acero es un material estructural muy versátil debido a su gran resistencia y ductilidad, lo cual permite que sirva para crear estructuras metálicas muy variadas.

Estructura metálica

Definición

Ductilidad

La ductilidad es una propiedad de los materiales que informa acerca del grado de deformación plástica a la que se puede someter un objeto antes de que se rompa.

Las construcciones realizadas con estructuras metálicas permiten mayores distancias entre pilares y son especialmente interesantes en locales comerciales, edificios industriales y demás estructuras donde no se desee tener pilares intermedios, así como edificios de alturas considerables, sin pilares excesivamente gruesos. De esta manera se consigue maximizar el espacio útil.

Materiales empleados en estructuras metálicas

Los metales más empleados en la construcción de estructuras metálicas son:

- **Acero ordinario:** es el más empleado.

- **Acero autopatinable:** los aceros autopatinables son muy parecidos a los aceros ordinarios con la excepción de que, en su composición, se incluye una pequeña cantidad de cobre.
  Estos aceros ofrecen un buen comportamiento frente la corrosión atmosférica, ya que en su superficie está presente una capa de óxido que los protege.
- **Aceros inoxidables:** el acero inoxidable se utiliza en estructuras que van a estar sometidas a ambientes agresivos.
- **Aluminio:** su utilización en la edificación no está muy extendida y su uso suele estar limitado a la construcción de estructuras y carpas desmontables, ya que el aluminio es un metal muy ligero.

Características mecánicas del acero

Las dos propiedades fundamentales que se tienen en cuenta cuando se diseñan piezas de acero son: el **límite elástico** y el **límite de rotura.**

El **límite elástico** (σE) se define como la carga unitaria aplicada al metal a partir del cual las deformaciones no son recuperables.

Por otro lado, el **límite de rotura** (σR), también conocido como resistencia a tracción, es la carga unitaria máxima que el acero puede soportar en el denominado ensayo de tracción.

Definición

Ensayo de tracción
En el ensayo de tracción de un material, este es sometido a un esfuerzo axial de tracción. La intensidad de este esfuerzo se va incrementando hasta que se produce la rotura del mismo.

Características tecnológicas del acero

Respecto a las características tecnológicas del acero, las más importantes son:

- **Soldabilidad:** la soldabilidad de un acero es la aptitud que tiene para ser soldado sin que se originen fisuras en frío. Por razones obvias, esta es una característica tecnológica de gran importancia de cara a su implantación en cualquier estructura.

Soldaduras en una estructura de acero

- **Resistencia al desgarro laminar:** la resistencia al desgarro laminar del acero se puede definir como la resistencia que ofrece frente a la aparición de defectos en piezas soldadas sometidas a esfuerzos de tracción perpendiculares a su superficie.
- **Aptitud al doblado:** la aptitud al doblado informa acerca del grado de ductilidad del material y se determina en el ensayo de doblado.

Recuerde

La ductilidad es una propiedad de los materiales que indica el grado de deformación plástica a la que se puede someter un objeto antes de que se rompa.

Tipos de acero

Según la Instrucción EAE, se contemplan las siguientes tipologías de utilizables en perfiles y chapas para estructuras metálicas:

- **Aceros laminados en caliente.** Estos aceros no aleados no tienen características especiales de resistencia mecánica ni de resistencia a la corrosión, presentando una microestructura estándar.
- **Aceros con características especiales.** Se pueden distinguir las siguientes tipologías de aceros especiales:
    - Aceros normalizados de grano fino para construcción soldada.
    - Aceros de laminado termomecánico de grano fino para construcción soldada.
    - Aceros con resistencia mejorada a la corrosión atmosférica (aceros autopatinables).
    - Aceros templados y revenidos.
    - Aceros con resistencia incrementada a la deformación perpendicular a la superficie del producto.
- **Aceros conformados en frío.** El proceso de fabricación de estos aceros consiste en un conformado en frío. Esto hace que adquieran ciertas características específicas relacionadas con la sección y la resistencia mecánica.

Definición

Instrucción EAE
La Instrucción de Acero Estructural (EAE) es una normativa española que establece los requisitos que deben cumplir las estructuras realizadas en acero.

Perfiles

Las secciones o perfiles de acero estructural están estandarizados para optimizar el uso de este material en las estructuras metálicas. A continuación se muestran algunos de ellos:

Perfiles de acero estructural			
	Perfil europeo IPE	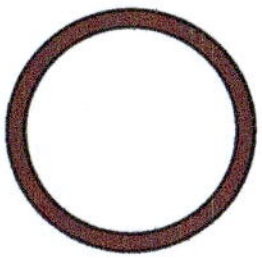	Sección hueca circular
	Perfil HEB		Sección hueca cuadrada
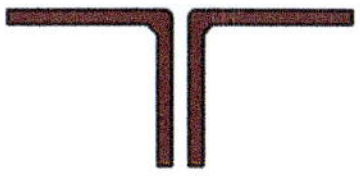	Perfil angular doble de lados iguales		Sección hueca rectangular

Aplicación práctica

Imagine que tiene una empresa dedicada a la distribución de alimentos y necesita disponer de una nave para almacenar su producto. ¿Qué tipo de estructura cree que sería más adecuada construir para tal fin, hormigón o acero?

SOLUCIÓN

Lo más adecuado sería decantarse por una estructura de acero. Hay muchas razones que justifican esta elección, siendo una de ellas el hecho de que las construcciones realizadas con estructuras metálicas permiten mayores distancias entre pilares, lo que ayuda a maximizar el espacio útil (algo muy importante en cualquier almacén).

Nave industrial

3.3. Estructuras de madera

La madera es un material que siempre ha estado presente en nuestras vidas. Junto con la piedra, este elemento ha formado parte de la mayoría de las estructuras que se han ido construyendo a lo largo de los siglos, y todavía hoy se sigue utilizando.

Cubierta de madera

Sabía que...

El proceso de obtención de la madera apenas ha variado con el paso del tiempo.

Composición

La madera es una sustancia producida por los árboles. Esto hace que presente ciertas características únicas que la hacen muy diferente a materiales de origen mineral.

Los elementos orgánicos que componen la madera son:

- Celulosa (40% ~ 50%).
- Lignina (25% ~ 30%).
- Hidratos de carbono (20% ~ 25%).
- Resina, tanino, grasas (5% ~ 15%).

Propiedades

La madera presenta ciertas características que la hacen muy competitiva frente a otros materiales más recientes.

El uso de la madera en la edificación está muy extendido, ya que presenta una serie de ventajas como pueden ser: estética, calidad, resistencia mecánica, comportamiento térmico y acústico, etc. A continuación, se enumeran algunas de las propiedades más significativas de este material.

Anisotropía

La madera puede ser considerada como un material anisótropo, esto quiere decir que no se comporta de la misma manera en todas las direcciones de las fibras que la constituyen.

Resistencia a tracción

Este material ofrece buenas cualidades cuando trabaja a tracción. Esto se debe fundamentalmente a su estructura direccional. La resistencia a este tipo de esfuerzos es máxima cuando las fuerzas son paralelas a sus fibras, mientras que será mínima en el caso en el que los esfuerzos sean perpendiculares.

La tracción es un tipo de esfuerzo que, aplicado a un cuerpo, hace que este tienda a estirarse.

Las fuerzas que hacen que un cuerpo tienda a aplastarse o comprimirse se conocen como fuerzas de compresión.

Resistencia a flexión

La flexión implica esfuerzos de tracción y compresión en las fibras de la madera, por lo que la resistencia en estos casos será máxima mientras que la fuerza ejercida sea perpendicular a sus fibras.

Flexibilidad

La madera es un material que puede ser curvado con relativa facilidad. El grado de flexibilidad que ofrezca dependerá de algunos factores como: la edad del material, la humedad, etc.

Densidad

La densidad de una madera determinada dependerá fundamentalmente del contenido en agua que presente.

Se pueden diferenciar dos tipos de densidades de la madera:

- **Densidad absoluta:** es el valor de la densidad de la celulosa y de sus derivados (aprox. 1550 kg/m^3).
- **Densidad aparente:** es la determinada por los poros y su valor dependerá de la cantidad de agua que contengan.

Recuerde

La densidad de un elemento es la relación (cociente) que existe entre su peso y volumen.

Actividades

4. ¿Cree que un trozo de madera será más denso conforme contenga más agua? Justifique su respuesta.

Dureza

Esta propiedad está directamente relacionada con la densidad que presente la madera en cuestión. Conforme sea más densa también tendrá más dureza.

Conductividad térmica

Una vez que la humedad contenida en los poros se seca, estos quedan llenos de aire en lugar de agua. Esto hace que la madera se comporte como un buen aislante térmico.

Importante

Putrefacción de la madera

A pesar de las muchas ventajas que ofrece la madera, también es importante tener en cuenta los inconvenientes que pueden surgir con su uso. Algunos de ellos son:

- Combustibilidad.
- Inestabilidad volumétrica.
- Putrefacción.

Tipos de madera en la edificación

En este apartado se van a estudiar los tipos de madera que más se utilizan en edificación. Los más usuales son:

- Madera aserrada estructural.
- Madera laminada encolada.
- Madera microlaminada.
- Tableros estructurales.

Madera aserrada estructural

Este tipo de madera consiste en piezas de madera maciza que se obtienen por aserrado del árbol. Normalmente son escuadradas, es decir, presentan caras paralelas entre sí, con sus cantos perpendiculares a las mismas.

Piezas de madera aserrada estructural

Debido a que la madera aserrada estructural constituye la base de cualquier producto maderero, existen infinidad de aplicaciones a las que está destinado su uso: puertas, ventanas, suelos, revestimientos, fachadas, tabiques, viguetas, etc.

Definición

Cara
Es la superficie de la pieza que presenta una mayor dimensión de la sección transversal.

Canto
Es la que tiene la menor dimensión de dicha sección.

Madera laminada encolada

Consisten en grandes piezas que se obtienen a partir de tablas o láminas de madera de dimensiones no muy grandes comparadas con las de la pieza final (con grosores de alrededor de 4,5 cm).

Piezas de madera laminada encolada

Estas láminas se unen, tanto longitudinal como transversalmente, con colas sintéticas. Para ello, se emplean adhesivos de resorcina, melamina, urea o acetato, aunque únicamente los dos primeros son aptos para su uso en exteriores.

Importante

En el encolado de esta madera, las láminas se han de disponer de manera que sus fibras queden paralelas unas con otras.

Este tipo de madera se suele utilizar en vigas, cargaderos, pilares y demás elementos estructurales en casos en los que se desee cubrir grandes luces.

Definición

Luz
En la arquitectura, se conoce como luz a la distancia horizontal que existe entre los apoyos de un arco, viga, etc.

Madera microlaminada (LVL)

La madera microlaminada o LVL (en inglés, *Laminated Veneer Lumber*) se fabrica con chapas de madera de espesor reducido (entre 3 y 5 mm), las cuales se encolan en la misma dirección de sus fibras.

Panel de madera microlaminada

Con el fin de mejorar sus características, en ciertos tableros y perfiles especiales se suelen incorporar una serie de chapas encoladas dispuestas paralelamente respecto a la dirección de sus fibras y perpendiculares a las de las chapas de la cara y contra cara.

Debido a su ligereza, uniformidad de sus propiedades y a su gran resistencia, la madera microlaminada es un material ideal para ser utilizado en elementos estructurales, siendo sus aplicaciones fundamentales: vigas, estructuras de carga, escaleras, casas prefabricadas, etc.

Tableros estructurales

Existen varios tipos de tableros estructurales. Los más importantes son:

- **Tableros de madera aglomerada:** estos tableros se obtienen por prensado de partículas de madera impregnadas previamente de una resina adhesiva.

Tableros de madera aglomerada

Los tableros de madera aglomerada poseen propiedades mecánicas muy parecidas a las de la madera que se utilizó para fabricarlos. Por lo general, no se deterioran ni se encorvan con la humedad ambiental, aunque sí que se estropean al entrar en contacto directo con el agua. Estas piezas se suelen utilizar para elaborar tabiques que se vayan a implantar en zonas secas. También se usan en instalaciones comerciales, muebles, utilería y escenografía.

- **Tableros de madera prensada:** estos tableros están fabricados a partir de fibras de madera prensadas y se pueden diferenciar dos tipos: los tableros de alta densidad HDF *(High Density Fiber)* o *Hardboard* y los de densidad media MDF *(Medium Density Fiber).* Estos se describen a continuación:

- **Tableros HDF:** se fabrican con fibras de madera prensadas a temperaturas muy elevadas y sin añadir aglomerantes.

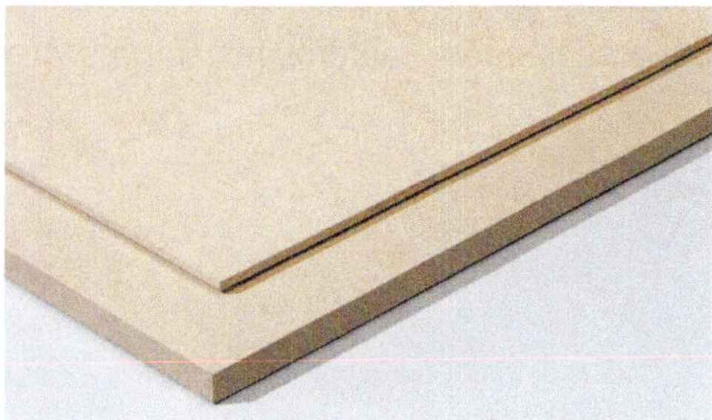

Tableros HDF

- **Tableros MDF:** se fabrican prensando a altas temperaturas fibras de madera reciclada de procesos industriales, junto con un añadido de urea formaldehído. Estos tableros consisten en planchas de superficie suave y uniforme, y presentan mayor resistencia, flexibilidad y homogeneidad que la madera aglomerada.

Tableros MDF

Los tableros MDF son muy utilizados en la industria del mueble y en la construcción gracias a la gran facilidad que tienen para ser trabajados, moldeados, pintados o laminados. Con ellos se pueden conseguir fijaciones y ensambles de extraordinaria firmeza.

- **Tableros de madera contrachapada:** estos tableros se obtienen mediante la unión de varias capas de chapas de madera colocadas con sus fibras en un ángulo de 90º, es decir, perpendiculares entre sí. De esta manera se consigue compensar las tensiones internas del material, obteniéndose tableros resistentes y relativamente indeformables.

Tableros de madera contrachapada

Los tableros se elaboran con diferentes clases de madera y con dos tipos de adhesivos, según sea el lugar donde se coloquen (para interiores o exteriores).

En edificación son muy usados para moldaje, estructuras y revestimientos interiores y exteriores. También se utilizan en mueblería, ya que permiten crear superficies curvas.

- **Tableros OSB:** los tableros OSB *(Oriented Strand Boards)* son piezas estructurales construidas con virutas rectangulares de madera, las cuales, para incrementar su fortaleza y rigidez, se orientan formando capas cruzadas y unidas entre sí. Esto se consigue gracias a la aplicación de una resina fenólica a presiones y temperaturas elevadas. Estas virutas no provienen de residuos de otros procesos de fabricación, sino que se elaboran especialmente con el fin de maximizar el rendimiento del panel.

Panel de madera OSB

En la edificación, se utilizan para cubiertas de techos, revestimiento de tabiques, escalas, vigas doble T, etc. Es importante saber que no deben ser usados en exteriores ni en moldaje.

Definición

Sistema de moldaje

Consiste en un conjunto de elementos que tienen el cometido de moldear el hormigón fresco a la forma y dimensiones que se especifiquen, controlando su colocación y alineación dentro de las tolerancias que se exijan.

Estos sistemas constituyen estructuras temporales que son capaces de soportar la carga del propio hormigón fresco, así como las sobrecargas de personas, equipos y demás elementos que se especifiquen.

Actividades

5. Elabore una tabla e indique en ella las ventajas e inconvenientes que supone la utilización del hormigón, acero y madera como materiales en la edificación.

4. Nociones básicas de cimentación en la edificación

A grandes rasgos, la cimentación se puede definir como el conjunto de elementos, presentes en cualquier edificación, que tienen el cometido de transmitir al terreno las cargas que soporta una estructura. Su diseño dependerá fundamentalmente:

- De las características del edificio.
- De la naturaleza del terreno.

Sabía que...

Una cimentación mal ejecutada, planificada, diseñada o calculada puede hacer que, tanto el edificio como las fincas adyacentes, sufran deterioros muy graves.

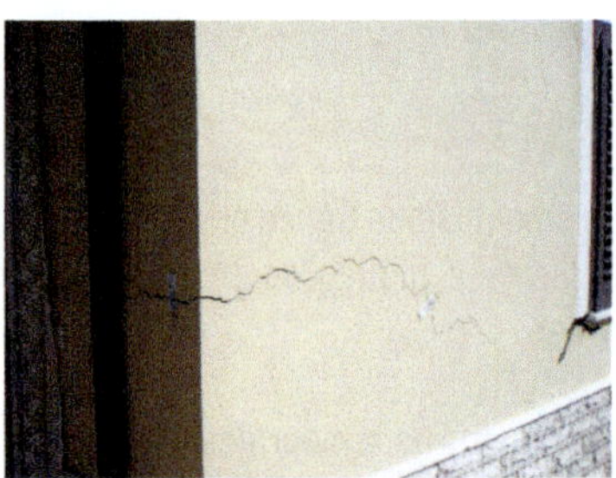

Grietas en edificios debidas a una mala cimentación

Por lo general, se puede afirmar que existen dos tipos de cimentación según sean los tipos de esfuerzos que van a soportar: de compresión pura o compresión y tracción. Esto influirá en el tipo de material que se empleará para constituir la cimentación.

Las cimentaciones que únicamente soportarán esfuerzos de compresión se usan en estructuras de escasa complejidad que están basadas fundamentalmente en muros de carga. Para este tipo se suele utilizar hormigón sin armadura, siendo el hormigón armado el material que se usa para construir las cimentaciones en el resto de los casos.

Obra de cimentación

Definición

Muro de carga
Paredes que soportan otros elementos de la construcción.

Existen dos tipos fundamentales de cimentación: las cimentaciones superficiales y las profundas. A continuación veremos detalladamente en qué consisten.

4.1. Cimentaciones superficiales

En el caso en el que debajo de la estructura que se va construir, el terreno presente características técnicas y económicas adecuadas para cimentar sobre el mismo, la cimentación a ejecutar será la superficial o directa. Estas cimentaciones están constituidas por: zapatas, vigas y placas.

Importante

Antes de elegir el tipo de cimentación a ejecutar, y como tarea previa a la redacción del proyecto correspondiente, es necesario realizar un estudio geotécnico del suelo para determinar el tipo de cimentación a utilizar.

Zapatas

Una zapata consiste en una extensión de la base de una columna o muro que tiene la misión de transmitir la carga al subsuelo a una presión adecuada según sean las características del terreno.

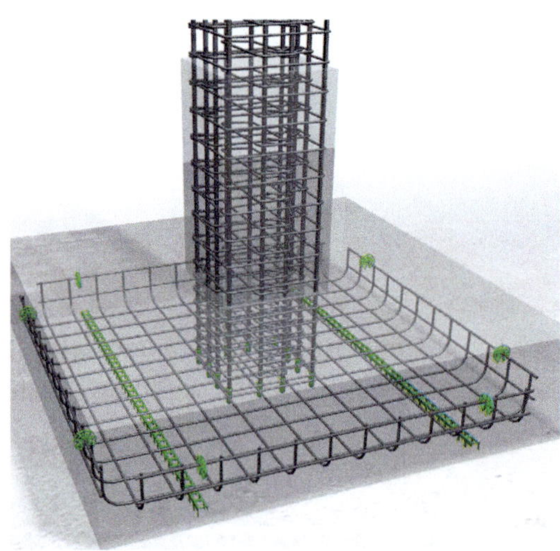

Zapata

Las características que debe tener cualquier zapata son las siguientes:

a. Deben transmitir las cargas al terreno a través de sus elementos estructurales.
b. Deben repartir uniformemente las cargas para que no se sobrepasen las tensiones superficiales del terreno.
c. No deben tener dimensiones dispares. Esto evitará que se produzcan asientos diferenciales.
d. Deben quedar ocultas.

Definición

Asientos diferenciales
Consisten en cedidas irregulares que puede sufrir la estructura de una edificación y pueden dar lugar a que se produzcan efectos muy graves.

Actividades

6. ¿Qué efectos negativos cree que pueden producirse en una estructura (y en sus alrededores) debido a la aparición de asientos diferenciales?

Existen muchos tipos de zapatas, las cuales se diferencian atendiendo a dos criterios de clasificación fundamentales:

- Según la forma de trabajo:
  - Aislada.
  - Combinada.

- Corrida o continua.
- Arriostrada o atada.

- Según la forma en planta:

  - Rectangular.
  - Cuadrada.
  - Circular.
  - Anular.
  - Poligonal.

A continuación se describirán brevemente algunos de estos tipos.

Zapata aislada cuadrada

El elemento que transmite las cargas en este tipo de zapata es un pilar, ya sea de hormigón o acero. El pilar partirá siempre desde el centro de la base de la zapata.

Cuando los pilares son de hormigón armado es necesario dejar en la zapata una armadura vertical saliente (conocida como armadura de espera) para unirla con la armadura del pilar. De esta manera se producirá la transferencia de esfuerzos desde el pilar hasta la zapata. Cuando los pilares sean metálicos no existirá esta armadura de espera.

Zapata aislada cuadrada

Recuerde

El hormigón armado es el resultado de unir adecuadamente hormigón con armaduras de acero. Esto da lugar a estructuras que resisten acciones que provocan esfuerzos de compresión y de tracción.

Zapata corrida o continua

La zapata corrida o continua es un tipo de zapata que se utiliza, por lo general, para cimentaciones de muros de hormigón armado. Por lo tanto, el elemento estructural encargado de transmitir los esfuerzos en este caso será un muro en lugar de un pilar, ejerciendo una carga de tipo lineal a la zapata.

Zapata corrida

Zapata combinada

Estas zapatas se caracterizan por soportar dos o más pilares. Se suele optar por esta solución en los casos en los que se tengan columnas muy juntas y, al calcular el área de las zapatas, se obtiene como resultado que sus áreas se superponen.

Zapata combinada

4.2. Cimentaciones profundas

Este tipo de cimentación se utiliza cuando el terreno firme se localiza a una profundidad mayor. La cimentación profunda que más se utiliza es la denominada **cimentación por pilotes.**

Pilotes

Un pilote es un elemento de cimentación de longitud considerable que, al ser enterrado, adquiere una gran capacidad de carga gracias a su resistencia por rozamiento con el terreno y su apoyo en forma de punta.

Pilotes

Los pilotes se utilizan cuando el suelo situado al nivel donde se colocaría normalmente una zapata no es adecuado para ofrecer un soporte firme. En estos casos se hace necesario transmitir los esfuerzos de la estructura a mayor profundidad por medio de pilotes.

El uso de pilotes también se hace necesario en los siguientes casos:

- Cuando existan asientos imprevisibles y el terreno profundo sea resistente.
- Cuando se puedan producir retracciones y otras variaciones en el terreno.
- En estructuras construidas sobre agua.
- Cuando existan cargas inclinadas.

Los pilotes se suelen construir de una extensa variedad de dimensiones, formas y materiales. A continuación, veremos algunos de los tipos más usuales.

Pilotes de madera

Los pilotes de madera son económicos, fáciles de transportar y manejar y pueden ser cortados in situ según sea la longitud requerida. Estos pilotes son especialmente adecuados para emplazamientos de difícil acceso o en los casos en los que se presenten dificultades para el taladro o el uso del hormigón.

Pilotes de madera

Importante

Aunque la duración de los pilotes de madera puede ser indefinida cuando estén siempre rodeados por un suelo saturado (suelos en los que el agua ha llenado todos sus poros desalojando al aire), están sujetos a pudrirse por encima de la zona de saturación.

Pilotes de hormigón

Existen muchas variantes de pilotes de hormigón entre los que se puede elegir según sean las características de la obra en cuestión. Existen dos tipos principales de pilotes de hormigón: los colados en el lugar y los precolados. Los colados en el lugar se dividen a su vez en pilotes con ademe y sin ademe.

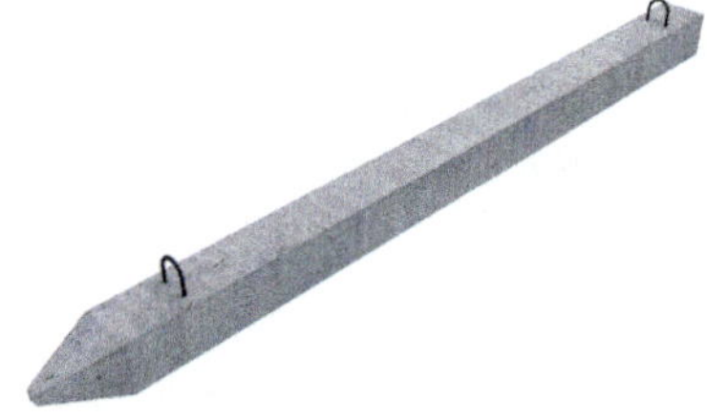

Pilote de hormigón

Debido a que la mayoría de los pilotes de hormigón pueden hincarse hasta alcanzar una elevada resistencia sin sufrir daño, se les pueden asignar, por lo general, cargas admisibles más elevadas que a los pilotes de madera.

En condiciones normales, este tipo de pilotes no se deterioran. No obstante, las sales y la humedad del agua marina atacan a sus grietas y hacen que el hormigón se desconche. La mejor protección frente a esto es usar un hormigón denso y de buena calidad, así como utilizar pilotes preesforzados.

Pilotes de acero

Los pilotes de acero más utilizados son: los de tubos de acero, que normalmente se rellenan de hormigón una vez hincados, y los perfiles de acero en H. Estos últimos se utilizan cuando: se requieran hincados violentos, se necesiten longitudes muy elevadas o sea necesario disponer de grandes cargas de trabajo por pilote.

Pilote de acero y hormigón

Los pilotes de acero están sujetos a la corrosión. Normalmente este deterioro es muy pequeño cuando el pilote se encuentra enterrado en una formación natural, aunque el grado de corrosión puede ser mucho más elevado en rellenos en los que haya oxígeno atrapado. También es importante tener en cuenta que, cuando los pilotes se prolongan por encima del nivel del terreno, las zonas expuestas a la intemperie son también especialmente vulnerables. Una buena opción para proteger estas zonas es recubrirlas de hormigón.

Actividades

7. ¿Qué diferencias más singulares existen entre la cimentación superficial y la profunda?

5. Descripción y comportamiento energético de los materiales en la edificación

La decisión de utilizar unos materiales u otros en la construcción de los diferentes elementos que constituyen a los edificios tiene un gran impacto en el comportamiento energético de los mismos. Esto se debe fundamentalmente a que no todos los materiales son iguales y no todos se comportan de la misma manera ante diferentes condiciones ambientales. Por otro lado, es importante tener en cuenta el hecho de que existen ciertos materiales que, si se aprovechan sus cualidades, pueden ayudar a resolver las exigencias climáticas a las que se ven sometidos los edificios.

Recuerde

La construcción y el posterior uso de los edificios conlleva un importante gasto energético, suponiendo un impacto considerable sobre el medio ambiente. Esto se debe fundamentalmente a que los edificios requieren de una gran cantidad de energía y materias primas para ser construidos, además de generar una importante cantidad de residuos muy perjudiciales para el medio ambiente.

En este apartado estudiaremos algunos de lo elementos y materiales más singulares que suelen formar parte de los edificios, así como los factores energéticos más importantes que deben considerarse.

5.1. Soleras en contacto con el terreno

Las soleras consisten en elementos de hormigón de escaso espesor que se apoyan directamente sobre el terreno. Se suelen colocar sobre un revestimiento de grava y, sobre el mismo, se extiende una lámina plástica que tiene dos misiones: evitar que la humedad llegue hasta la solera e impedir que el hormigón se vierta en el revestimiento.

Solado de hormigón

Desde el punto de vista de la eficiencia energética en los edificios, es importante saber que el calor que se pierde a través del suelo, respecto a la dispersión térmica total que se suele producir en las edificaciones, oscila entre el 15% y el 20%.

5.2. Suelos con cámara sanitaria

Las cámaras sanitarias o de saneamiento son espacios que se construyen en los edificios y que se sitúan al nivel del terreno natural.

Estos elementos constructivos tienen la misión de aislar de la humedad y del calor a la edificación.

Cámara sanitaria

Las cámaras sanitarias están constituidas fundamentalmente por dos elementos: las viguetas autorresistentes o autoportantes y las bobedillas. Estas últimas puede ser cerámicas, de mortero de cemento o de poliestireno expandido. Las que son de este último material ofrecen un alto grado de aislamiento y son muy fáciles de colocar.

Definición

Viguetas autorresistentes
Se caracterizan por ser capaces de resistir, por sí mismas y en un forjado (ver más adelante), todos los esfuerzos a los que estará sometido dicho forjado.

Bobedillas
Consisten en bóvedas pequeñas, formadas por ladrillos, que se utilizan para cubrir el espacio que hay entre dos vigas.

5.3. Forjados

Los forjados son elementos resistentes y planos de la estructura de una edificación que tienen dos misiones fundamentales:

- **Constituir los pisos del edificio.** Todo lo que se coloque sobre el solado de los pisos de los edificios queda a su vez apoyado sobre los forjados. Por esta razón deben ser capaces de resistir los esfuerzos que provocan la presencia de personas, muebles, máquinas, etc.
- **Arriostrar los elementos de la estructura.** Los forjados tienen que ser elementos horizontales rígidos y deben enlazar los pórticos que forman las vigas de la estructura y los pilares de la misma. Deben llevar los esfuerzos que sufra el edificio a los pórticos o muros que las resistan y que las comuniquen a la cimentación.

Forjados de un edificio

Definición

Arriostrar

Es la acción de estabilizar una estructura mediante el uso de elementos que eviten que se desplace o se deforme.

Los forjados de los edificios que no presentan ningún tipo de aislamiento favorecen a que se produzcan importantes pérdidas energéticas a través de los mismos. Las pérdidas más importantes son las de origen térmico y acústico y serán mayores o menores dependiendo del lugar donde se encuentren los forjados.

5.4. Cubiertas

Las cubiertas de los edificios son elementos que constituyen en cierre superior de los mismos y deben cumplir las siguientes funciones principales:

- Cerramiento de la parte superior de la estructura.
- Proporcionar estabilidad estructural frente a vientos, seísmos, etc.
- Estanqueidad.
- Aislante térmico y acústico.
- Etc.

Cubierta de un edificio

Debido a que el calor tiende a subir, las pérdidas de calor a través de las cubiertas de los edificios pueden llegar a ser hasta una cuarta parte de las pérdidas energéticas totales del conjunto de la estructura. Esto hace que sea un elemento muy importante a tener en cuenta a la hora de estudiar el rendimiento energético de cualquier edificación.

5.5. Cubiertas enterradas

Las cubiertas enterradas son cerramientos superiores que están en contacto con el terreno que las cubre. Esto hace que la humedad del terreno sea un factor muy importante a tener en cuanta, ya que este elemento estructural estará permanentemente expuesto a ella.

5.6. Paredes exteriores

Las paredes exteriores o fachadas son paramentos, generalmente verticales, que limitan exteriormente los edificios. Constituyen el cierre del edificio y definen su aspecto exterior.

Fachada convencional

Las fachadas están constituidas por una o varias capas de diferentes materiales, los cuales deben satisfacer las exigencias relacionadas con el cerramiento de la estructura.

Desde el punto de vista energético, es importante tener en cuenta que, alrededor del 35% de las pérdidas energéticas de los edificios se producen a través de las fachadas.

Sabía que...

El 80 % de las viviendas españolas carecen de aislamiento en la fachada, o bien, están mal aisladas.

5.7. Muros en contacto con el terreno: gravedad, flexorresistente y pantalla

Los muros en contacto con el terreno son aquellos cerramientos verticales que están en contacto directo con el terreno. En la siguiente imagen se muestra un plano de una vivienda en el que se señala la presencia de uno de estos muros:

Muro en contacto con el terreno de una vivienda

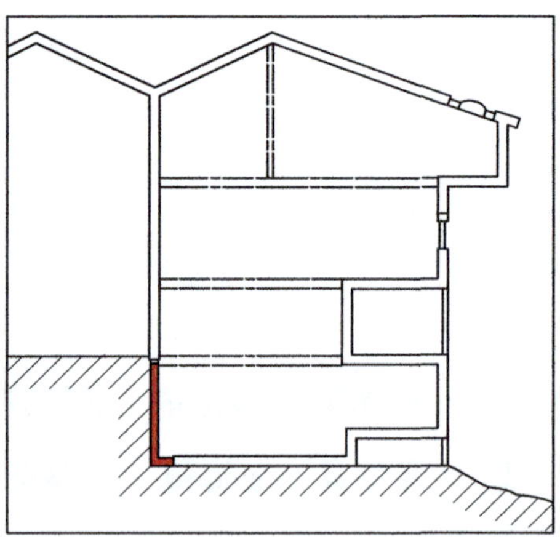

En la edificación existen tres tipos fundamentales de muros en contacto con el terreno: los de gravedad, los flexorresistentes y los pantalla.

Muros de gravedad

Los muros de gravedad están constituidos de hormigón en masa y, su capacidad resistente se consigue gracias al propio peso del muro.

Croquis de la vista lateral de dos ejemplos de muros de gravedad

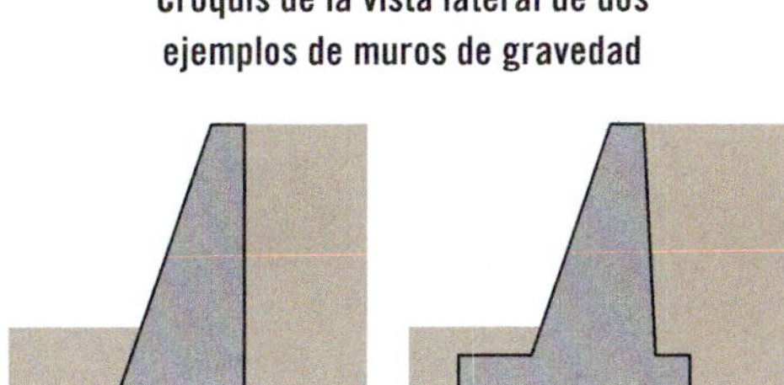

La principal ventaja de estos elementos constructivos es que no van armados, usándose habitualmente para cubrir alturas moderadas. En el caso de que se tengan longitudes mayores, la utilización de los muros de gravedad resultaría una solución antieconómica frente a los de hormigón armado.

Muros flexorresistentes

Los muros flexorresistentes son muros que son capaces de resistir esfuerzos de compresión y de flexión. Estos elementos están constituidos de hormigón armado y se construyen una vez se haya realizado el vaciado del terreno del sótano correspondiente.

Definición

Esfuerzos de flexión
Son aquellas fuerzas transversales externas que actúan sobre un elemento estructural y que hacen que este tienda a doblarse.

Muros pantalla

Los muros pantalla constituyen un tipo de cimentación profunda muy utilizada en la edificación de estructuras de altura. Estos elementos actúan como muros de contención y ofrecen multitud de ventajas relacionadas con el ahorro económico y el desarrollo en superficies.

El muro pantalla se construye antes de llevar a cabo el vaciado de tierras, transmitiendo los esfuerzos al terreno.

Muros pantalla

Definición

Muros de contención
Son estructuras rígidas destinadas a la contención de algún material, fundamentalmente tierras.

Desde el punto de vista de la eficiencia energética, el factor más importante a tener en cuenta en los muros que están en contacto con el terreno es la humedad. Evidentemente, esto se debe al contacto permanente de una de sus caras con la tierra del subsuelo.

Es muy importante prestar atención a este factor, ya que la mayoría de los siniestros que afectan a los edificios (y que sus usuarios reclaman a sus respectivas compañías de seguros) están relacionados con la humedad.

5.8. Particiones interiores

Las particiones interiores son las paredes o tabiques de los edificios. Son divisiones artesanales que constituyen la separación de los diferentes espacios internos que hay en las edificaciones.

La normativa técnica que actualmente se encuentra en vigor en España obliga a que las viviendas tengan particiones que cumplan con las siguientes funciones:

- Compartimentar.
- Ofrecer intimidad.
- Aislar.

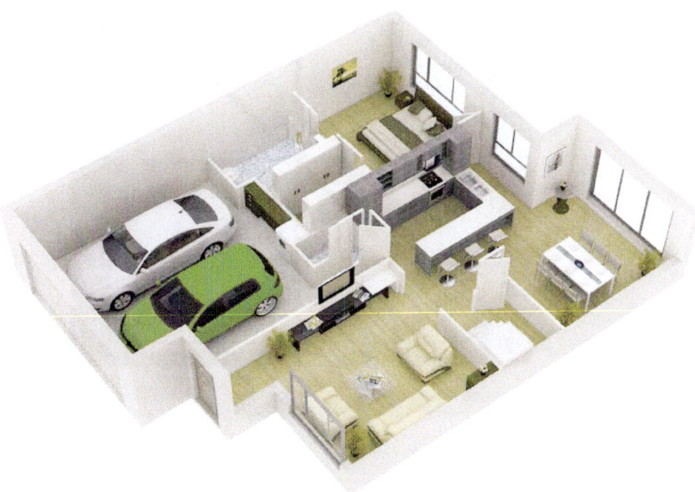

Modelo de las particiones interiores de una vivienda

El aislamiento acústico es uno de los requisitos más importantes que deben cumplir las particiones interiores de una vivienda.

Sabía que...

Alrededor del 92% de las viviendas españolas carecen de confort acústico.

5.9. Huecos y lucernarios

Los **huecos** son todos aquellos elementos parcialmente transparentes de la envolvente del edificio. Estos son: las ventanas y las puertas acristaladas.

Por otro lado, los **lucernarios** son todos aquellos huecos que están situados en una cubierta, por lo que tendrán una inclinación menor de 60 grados respecto a la horizontal.

Lucernario

Una parte importante de las pérdidas energéticas en los edificios (alrededor de un 10%) se producen a través de las ventanas y demás huecos que hay en sus fachadas y cubiertas. Estas pérdidas son máximas cuando los materiales que conforman las ventanas y lucernarios no ofrezcan un aislamiento térmico a adecuado.

5.10. Cámaras de aire

Las cámaras de aire son espacios huecos que se localizan entre los cerramientos de las fachadas de los edificios y tienen la misión de aislarlos térmicamente.

En la rehabilitación energética de los edificios, estos espacios pueden ser rellenados de determinados materiales (inyectados) para así mejorar su grado de aislamiento térmico.

Sección de la fachada de un edificio con cámara de aire

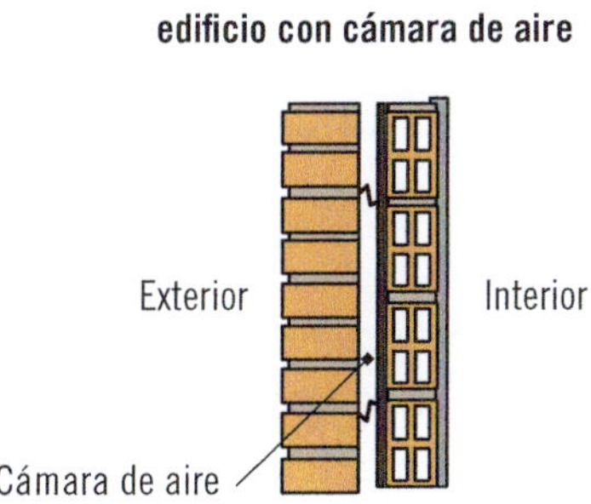

Actividades

8. De los elementos constructivos vistos en este apartado, ¿cuál cree que es el que suele estar más expuesto a los agentes climatológicos externos?
9. Desarrolle una tabla en la que muestre los aspectos energéticos más importantes a tener en cuenta en cada uno de los elementos constructivos vistos en el presente apartado.

6. Resistencia térmica total de una edificación

La resistencia térmica de un material se define como la capacidad que tiene para oponerse al flujo del calor (inversa de la conductividad térmica). Cuando se trata de un material homogéneo, la resistencia térmica del mismo se determina dividiendo su grosor entre su conductividad térmica. En materiales no homogéneos, la resistencia térmica es el inverso de la conductancia térmica (similar a la conductividad térmica pero referida a los materiales no homogéneos).

Definición

Conductividad térmica y conductancia térmica
Es una propiedad física de los materiales que mide la capacidad que tienen para conducir el calor. Esta capacidad es elevada en los metales, siendo mucho más baja en otros como por ejemplo, la fibra de vidrio.

Para obtener la resistencia térmica total de una edificación, se deberán sumar las resistencias térmicas de cada uno de los materiales que constituyen su estructura, incluyendo los revestimientos internos y externos. El Código Técnico de la Edificación (CTE) establece la manera de calcular dichas resistencias.

Definición

El Código Técnico de la Edificación (CTE)
Es el marco normativo español que establece los requisitos que deben cumplir los edificios en relación con las exigencias básicas de seguridad y habitabilidad establecidas en la Ley 38/1999 de 5 de noviembre, de Ordenación de la Edificación (LOE).

Continúa en página siguiente >>

<< Viene de página anterior

Las Exigencias Básicas de calidad que deben cumplir los edificios están relacionadas con la seguridad: seguridad estructural, seguridad contra incendios, seguridad de utilización; y habitabilidad: salubridad, protección acústica y ahorro de energía.

Logotipo del Código Técnico de la Edificación (CTE)

Nota

En el siguiente texto se hará referencia a algunas expresiones que aparecen en el Documento Básico HE Ahorro de Energía del CTE. A continuación se incluye un breve glosario que permite identificar rápidamente dichas referencias:

(E.2): $R_T = R_{si} + R_1 + R_2 + ... + R_n + R_{se}$

(E.3): $R = e/\lambda$

(F.1): $RT = (R'_T + R''_T) / 2$

Continúa en página siguiente >>

<< Viene de página anterior

$$(F.2): \frac{1}{R'_T} = \frac{f_a}{R_{Ta}} + \frac{f_b}{R_{Tb}} + ... + \frac{f_q}{R_{Tq}}$$

$$(F.3): \frac{1}{R_j} = \frac{f_a}{R_{aj}} + \frac{f_b}{R_{bj}} + ... + \frac{f_q}{R_{qj}}$$

$$(F.4): R''_T = R_{si} + R_{j1} + R_{j2} + ... + R_{jn} + R_{se}$$

$$(F.5): \lambda_j = d_j / R_g$$

6.1. Resistencia térmica total de un componente constituido por capas térmicamente homogéneas (extraído del CTE)

La resistencia térmica total R_T de un componente constituido por capas térmicamente homogéneas debe calcularse mediante la expresión:

$$R_T = R_{si} + R_1 + R_2 + ... + R_n + R_{se} \quad (E.2)$$

Siendo:

- **R_1, R_2...R_n** las resistencias térmicas de cada capa definidas según la expresión E.3 (ver más adelante) [m^2 K/W].
- **R_{si}** y **R_{se}** las resistencias térmicas superficiales correspondientes al aire interior y exterior respectivamente, tomadas de la tabla E.1 (a continuación) de acuerdo a la posición del cerramiento, dirección del flujo de calor y su situación en el edificio [m^2K/W].

Tabla E.1 Resistencias térmicas superficiales de cerramientos en contacto con el aire exterior en m^2K/W

Posición del cerramiento y sentido del flujo de calor	Rse	Rsi
Cerramientos verticales o con pendiente sobre la horizontal >60° y flujo horizontal	0,04	0,13
Cerramientos horizontales o con pendiente sobre la horizontal ≤60° y flujo ascendente	0,04	0,10
Cerramientos horizontales y flujo descendente	0,04	0,17

Definición

Componente con capas térmicamente homogéneas
Son componentes que, en el sentido del flujo del calor, presentan capas de espesor uniforme y conductividad térmica constante.

La resistencia térmica de una capa térmicamente homogénea viene definida por la expresión:

$$R = e/\lambda \quad (E.3)$$

Siendo:

- **e** el espesor de la capa [m]. En caso de una capa de espesor variable se considerará el espesor medio.
- **λ** la conductividad térmica de diseño del material que compone la capa, calculada a partir de valores térmicos declarados según la Norma UNE EN-ISO 10456:2012 o tomada de Documentos Reconocidos, [W/m K].

Definición

Normas UNE

Las normas UNE (Una Norma Española) constituyen un conjunto de normas de carácter tecnológico creadas por las Comisiones Técnicas de Normalización. Estas normas son actualizadas periódicamente.

6.2. Resistencia térmica total de un elemento de edificación constituido por capas homogéneas y heterogéneas (extraído del CTE)

Para determinar la resistencia térmica total de un elemento de edificación constituido por capas homogéneas y heterogéneas, se deberá tener en cuenta lo siguiente:

1. La resistencia térmica total R_T, de un elemento constituido por capas térmicamente homogéneas y heterogéneas paralelas a la superficie, es la media aritmética de los valores límite superior e inferior de la resistencia:

$$R_T = (R'_T + R''_T) / 2 \text{ (F.1)}$$

Siendo:

- R'_T el límite superior de la resistencia térmica total [m^2 K/W].
- R''_T el límite inferior de la resistencia térmica total [m^2 K/W].

2. Si la proporción entre el límite superior e inferior es mayor de 1.5, se deberán utilizar los métodos descritos en la Norma UNE EN-ISO 10211:2022.
3. Para realizar el cálculo de los valores límite superior e inferior, el elemento se divide en rebanadas horizontales y verticales como se muestra en la siguiente figura, de tal manera que las capas que se generan sean térmicamente homogéneas.

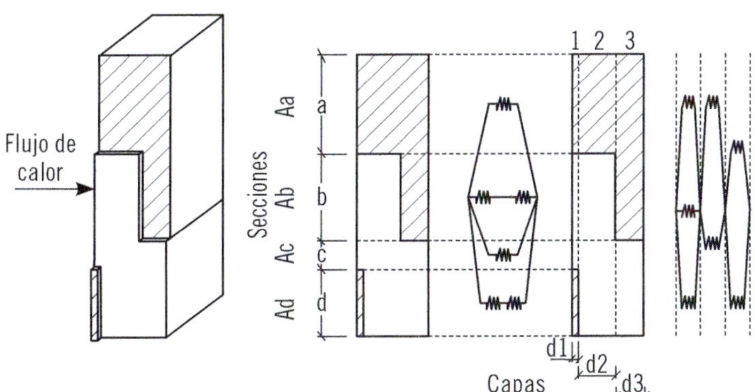

4. La rebanada horizontal m (m = a, b, c, ...q) tiene un área fraccional f_m.
5. La rebanada vertical j (j = 1, 2, ...n) tiene un espesor d_j.
6. La capa mj tiene una conductividad térmica $\lambda_{mj,}$ un espesor d_j, un área fraccional f_m y una resistencia térmica R_{mj}.
7. El área fraccional de una sección es su proporción del área total. Entonces $f_a + f_b + ... + f_q = 1$.

Límite superior de la resistencia térmica total R'_T

El límite superior de la resistencia térmica total se determina suponiendo que el flujo de calor es unidimensional y perpendicular a las superficies del componente. Viene dado por la siguiente expresión:

$$(F.2): \frac{1}{R'_T} = \frac{f_a}{R_{Ta}} + \frac{f_b}{R_{Tb}} + \ldots + \frac{f_q}{R_{Tq}}$$

Siendo:

- R_{Ta}, R_{Tb}, ...R_{Tq} las resistencias térmicas totales de cada rebanada horizontal, calculada mediante la expresión (E.2) [m^2 K/W].
- f_a, f_b, ..., f_q las áreas fraccionales de cada rebanada horizontal.

Límite inferior de la resistencia térmica total R''_T

El límite inferior se determina suponiendo que todos los planos paralelos a la superficie del componente son superficies isotermas.

Definición

Proceso isotérmico
Se dice que un proceso es isotérmico cuando se produce a temperatura constante, es decir, cuando esta no varía.

El cálculo de la resistencia térmica equivalente R_j, para cada rebanada vertical térmicamente heterogénea se realizará utilizando la siguiente expresión:

$$\text{(F.3)}: \frac{1}{R_j} = \frac{f_a}{R_{aj}} + \frac{f_b}{R_{bj}} + \ldots + \frac{f_q}{R_{qj}}$$

Siendo:

- **R_{aj}, R_{bj}, ...R_{qj}** las resistencias térmicas de cada capa de cada rebanada vertical, calculadas mediante la expresión (E.3) [m^2 K/W].
- **f_a, f_b, ..., f_q** las áreas fraccionales de cada rebanada vertical.

El límite inferior se determina entonces según la siguiente expresión:

$$\text{(F.4)}: R''_T = R_{si} + R_{j1} + R_{j2} + \ldots + R_{jn} + R_{se}$$

Siendo:

- **R_{j1}, R_{j2},... R_{jn}** las resistencias térmicas equivalentes de cada rebanada vertical, obtenida de la expresión (F.3) [m^2 K/W].
- **R_{si} y R_{se}** las resistencias térmicas superficiales correspondientes al aire interior y exterior respectivamente, tomadas de la tabla E.1 de acuerdo a la posición del elemento, dirección del flujo de calor [m^2 K/W].

Si una de las capas que constituyen la rebanada heterogénea es una cavidad de aire sin ventilar, se podrá considerar como un material de conductividad térmica equivalente definida mediante la expresión:

$$\lambda_j = d_j / R_g$$

Siendo:

- **d_j** el espesor de la rebanada vertical [m].
- **R_g** la resistencia térmica de la cavidad de aire sin ventilar [m^2 K/W].

Actividades

10. ¿Qué diferencia hay entre conductividad térmica y resistencia térmica? ¿Qué relación existe entre ambas?
11. Escriba tres ejemplos de componentes constituidos por capas homogéneas y heterogéneas.

Aplicación práctica

Imagine que tiene que calcular el grado de aislamiento térmico de una edificación. Para ello, decide determinar en primer lugar la resistencia térmica de uno de los cerramientos verticales del edificio, el cual está constituido por varias capas de material térmicamente homogéneo:

- **2 capas de enfoscado de mortero de cemento de 2 cm (0,02 m) de espesor (e) y conductividad térmica (λ) de 1,4 W/mK.**
- **1 capa de hormigón: e = 20 cm (0,2 m); λ = 0,46 W/mK.**
- **1 capa de aislante térmico: e = 4 cm (0,04 m); λ = 0,038 W/mK.**
- **1 capa de pladur: e = 1'7 cm (0,017 m); λ = 0,18 W/mK;**

Determine la resistencia térmica total del cerramiento.

Continúa en página siguiente >>

<< Viene de página anterior

SOLUCIÓN

En primer lugar, se determina la resistencia térmica de cada una de las capas del muro:

- R_1 (mortero de cemento) = $e/\lambda = 0{,}02/1{,}4 = 0{,}014$ m²K/W.
- R_2 (mortero de cemento) = $e/\lambda = 0{,}02/1{,}4 = 0{,}014$ m²K/W.
- R_3 (hormigón) = $e/\lambda = 0{,}2/0{,}46 = 0{,}43$ m²K/W.
- R_4 (aislante térmico) = $e/\lambda = 0{,}04/0{,}038 = 1{,}05$ m²K/W.
- R_5 (pladur) = $e/\lambda = 0{,}017/0{,}18 = 0{,}094$ m²K/W.

A continuación, se seleccionan los valores de R_{si} y R_{se}, según la tabla E.1 vista anteriormente. Al tratarse de un cerramiento vertical, las resistencias superficiales tendrán los siguientes valores:

- $R_{si} = 0{,}13$ m²K/W
- $R_{se} = 0{,}04$ m²K/W

Con todos estos datos ya se puede calcular la resistencia térmica total del cerramiento (RT):

- $R_T = R_{si} + R_1 + R_2 + R_3 + R_4 + R_5 + R_{se}$
- $R_T = 0{,}13 + 0{,}014 + 0{,}014 + 0{,}43 + 1'05 + 0{,}094 + 0{,}04;$
- $R_T = 1{,}772$ m²K/W

La resistencia térmica total del cerramiento tiene un valor de 1,772 m²K/W.

---

7. Factor de solar modificado de huecos y lucernarios

Antes de definir el concepto de **factor solar modificado** es necesario conocer el significado de **factor solar** y **factor sombra.**

Recuerde

Los huecos son todos aquellos elementos parcialmente transparentes que hay en la envolvente del edificio. Estos son las ventanas y puertas acristaladas.

Por otro lado, los lucernarios son todos aquellos huecos que están situados en una cubierta, por lo que tendrán una inclinación menor de 60º respecto a la horizontal.

El **factor solar modificado** es el producto del **factor solar** por el **factor de sombra.**

El valor del factor solar y del factor solar modificado dependerán de:

- **Porcentaje de huecos presentes la fachada.** El porcentaje de huecos se define como el cociente de la superficie total de huecos y la superficie de toda la fachada. Este valor siempre es menor o igual que 1.

Fachada

- **Orientación de la fachada.**
- **Carga interna del edificio.** Existen dos tipos de espacios según la carga interna que presenten:
    - **Espacios con baja carga interna.** Son espacios en los que existe poca disipación de calor y se utilizan para residir en ellos, ya sea eventual o permanentemente.
    - **Espacios de alta carga interna.** Son aquellos espacios en los que se genera gran cantidad de calor, ya sea por su ocupación, equipos existentes, etc.

Actividades

12. ¿Qué tipo de carga interna cree que tendrá el espacio de la habitación de un hotel?

El Código Técnico de la Edificación (CTE) establece la manera de calcular el factor solar modificado de huecos y lucernarios. A continuación se incluye dicho texto, extraído del CTE.

El factor solar modificado en el hueco F_H o en el lucernario F_L se determinará utilizando la siguiente expresión:

$$F = F_S \cdot [(1 - FM) \cdot g_{\perp} + FM \cdot 0{,}04 \cdot U_m \cdot \alpha]$$

Siendo:

- $\mathbf{F_S}$ el factor de sombra del hueco o lucernario obtenido de las tablas E.11 a E.15 (ver a continuación) en función del dispositivo de sombra o mediante simulación. En caso de que no se justifique adecuadamente el valor de F_s se debe considerar igual a la unidad.

- **FM** la fracción del hueco ocupada por el marco en el caso de ventanas o la fracción de parte maciza en el caso de puertas.
- $g_\perp$ el factor solar de la parte semitransparente del hueco o lucernario a incidencia normal. El factor solar puede ser obtenido por el método descrito en la norma UNE EN 410:2011.
- U_m la transmitancia térmica del marco del hueco o lucernario [W/m^{2}K].
- α la absortividad del marco obtenida de la tabla E.10 (ver a continuación) en función de su color.

Definición

Transmitancia térmica
La transmitancia térmica (U) de un elemento se define como el flujo de calor, en régimen estacionario, dividido por el área y por la diferencia de temperaturas de los medios que se sitúan a cada lado de dicho elemento.

Absortividad
Se conoce como absortividad a la fracción de la radiación solar que incide sobre una superficie y que es absorbida por la misma. La absortividad siempre tiene un valor comprendido entre 0,0 (0 %) y 1,0 (100 %).

La siguiente tabla sirve para determinar la absortividad de los marcos, según el color que tengan:

Tabla E.10 Absortividad del marco para radiación solar α

Color	Claro	Medio	Oscuro
Blanco	0,20	0,30	----
Amarillo	0,30	0,50	0,70
Beige	0,35	0,55	0,75

Continúa en página siguiente >>

<< Viene de página anterior

Tabla E.10 Absortividad del marco para radiación solar α

Color	Claro	Medio	Oscuro
Marrón	0,50	0,75	0,92
Rojo	0,65	0,80	0,90
Verde	0,40	0,70	0,88
Azul	0,50	0,80	0,95
Gris	0,40	0,65	----
Negro	----	0,96	----

A continuación se muestran una serie de tablas que sirven para determinar el factor solar del hueco o lucernario según sean sus características. Por ejemplo, cuando se desee determinar el factor de sombra de un hueco con voladizo, se consultará la tabla E.11 (ver a continuación).

Definición

Voladizo

Son un tipo de vigas que se caracterizan por estar apoyadas únicamente en uno de sus extremos. Este apoyo se realiza por empotramiento.

Voladizos sobre ventanas

Tabla E.11 Factor de sombra para obstáculos de fachada: voladizo

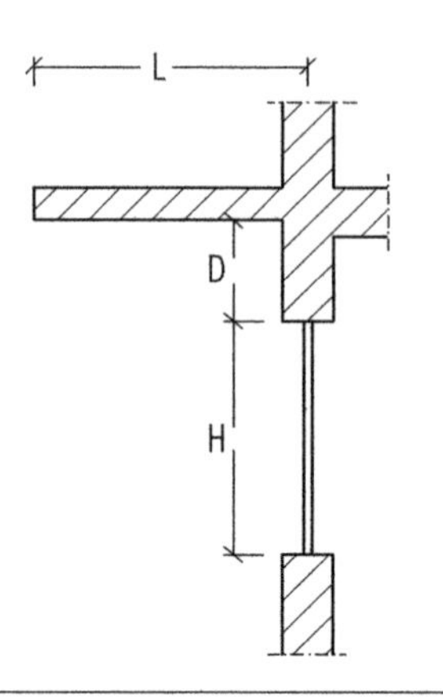

Nota: en caso de que exista un retranqueo, la longitud L se medirá desde el centro del acristalamiento

ORIENTACIONES DE FACHADAS		0,2 < L/H ≤ 0,5	0,5 < L/H ≤ 1	1 < L/H ≤ 2	L/H > 2
S	0 < D/H ≤ 0,2	0,82	0,50	0,28	0,16
	0,2 < D/H ≤ 0,5	0,87	0,64	0,39	0,22
	D/H > 0,5	0,93	0,82	0,60	0,39
SE/SO	0 < D/H ≤ 0,2	0,90	0,71	0,43	0,16
	0,2 < D/H ≤ 0,5	0,94	0,82	0,60	0,27
	D/H > 0,5	0,98	0,93	0,84	0,65
E/O	0 < D/H ≤ 0,2	0,92	0,77	0,55	0,22
	0,2 < D/H ≤ 0,5	0,96	0,86	0,70	0,43
	D/H > 0,5	0,99	0,96	0,89	0,75

Tabla E.12 Factor de sombra para obstáculos de fachada: retranqueo

ORIENTACIONES DE FACHADAS		0,05 < R/W ≤ 0,1	0,1 < R/W ≤ 0,2	0,2 < R/W ≤ 0,5	R/W > 0,5
S	0,05 < R/H ≤ 0,1	0,82	0,74	0,62	0,39
	0,1 < R/H ≤ 0,2	0,76	0,67	0,56	0,35
	0,2 < R/H ≤ 0,5	0,56	0,51	0,39	0,27
	R/H > 0,5	0,35	0,32	0,27	0,17
SE/SO	0,05 < R/H ≤ 0,1	0,86	0,81	0,72	0,51
	0,1 < R/H ≤ 0,2	0,79	0,74	0,66	0,47
	0,2 < R/H ≤ 0,5	0,59	0,56	0,47	0,36
	R/H > 0,5	0,38	0,36	0,32	0,23
E/O	0,05 < R/H ≤ 0,1	0,91	0,87	0,81	0,65
	0,1 < R/H ≤ 0,2	0,86	0,82	0,76	0,61
	0,2 < R/H ≤ 0,5	0,71	0,68	0,61	0,51
	R/H > 0,5	0,53	0,51	0,48	0,39

Definición

Retranqueo en huecos
Es la distancia desde la línea exterior del muro de la fachada al centro del acristalamiento.

Tabla E.13 Factor de sombra para obstáculos de fachada: lamas

LAMAS HORIZONTALES		ÁNGULO DE INCLINACIÓN (β)		
		0	30	60
ORIENTACIÓN	SUR	0,49	0,42	0,26
	SURESTE / SUROESTE	0,54	0,44	0,26
	ESTE / OESTE	0,57	0,45	0,27

LAMAS VERTICALES		ÁNGULO DE INCLINACIÓN (σ)						
		-60	-45	-30	0	30	45	60
ORIENTACIÓN	SUR	0,37	0,44	0,49	0,53	0,47	0,41	0,32
	SURESTE	0,46	0,53	0,56	0,56	0,47	0,40	0,30
	ESTE	0,39	0,47	0,54	0,63	0,55	0,45	0,32
	OESTE	0,44	0,52	0,58	0,63	0,50	0,41	0,29
	SUROESTE	0,38	0,44	0,50	0,56	0,53	0,48	0,38

NOTAS: los valores de factor de sombra que se indican en estas tablas han sido calculados para una relación D/L igual o inferior a 1.
El ángulo σ debe ser medido desde la normal a la fachada hacia el plano de las lamas, considerándose positivo en dirección horaria.

Tabla E.14 Factor de sombra para obstáculos de fachada: toldos

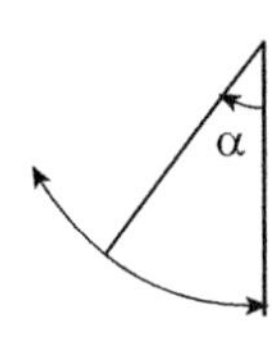

Caso A	Tejido opaco $\tau = 0$		Tejido translúcido $\tau = 0,2$	
α	SE/S/SO	E/O	SE/S/SO	E/O
30	0,02	0,04	0,22	0,24
45	0,05	0,08	0,25	0,28
60	0,22	0,28	0,42	0,48

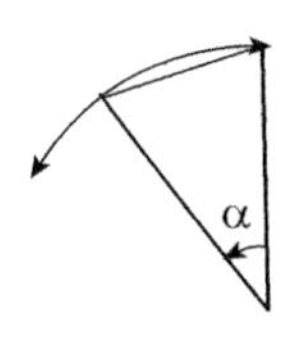

Caso B	Tejido opaco $\tau = 0$			Tejido translúcido $\tau = 0,2$		
α	S	SE/SO	E/O	S	SE/SO	E/O
30	0,43	0,61	0,67	0,63	0,81	0,87
45	0,20	0,30	0,40	0,40	0,50	0,60
60	0,14	0,39	0,28	0,34	0,42	0,48

Tabla E.15 Factor de sombra para lucernarios

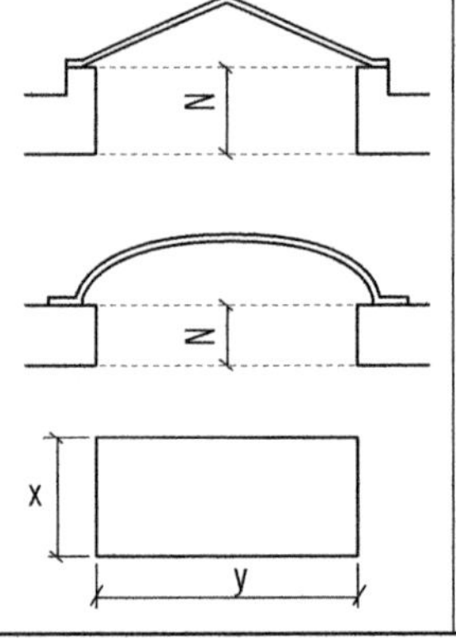

X/Z \ Y/Z	0,1	0,5	1,0	2,0	5,0	10,0
0,1	0,42	0,43	0,43	0,43	0,44	0,44
0,5	0,43	0,46	0,48	0,50	0,51	0,52
1,0	0,43	0,48	0,52	0,55	0,58	0,59
2,0	0,43	0,50	0,55	0,60	0,66	0,68
5,0	0,44	0,51	0,58	0,66	0,75	0,79
10,0	0,44	0,52	0,59	0,68	0,79	0,85

Actividades

13. El CTE establece unos valores límite para el factor solar modificado de los huecos y lucernarios según la zona climática donde se ubique la edificación. Consulte esta normativa y elabore un cuadro en el que relacione dichos límites con la zona climática que corresponda.

7.1. Aplicación práctica

En el análisis de la eficiencia energética de tu domicilio, deseas calcular el factor solar modificado de uno de los huecos, el cual tiene las siguientes características:

- Dimensiones: 95 cm de alto (0,95 m) y 46 cm de ancho (0,46 m).
- Retranqueo: 16 cm (0,16m).
- Orientación de la ventana: Sur.

En dicho hueco desea colocar una ventana. Después de ojear varios catálogos, se decide por esta:

- Batiente de una hoja con doble acristalamiento. Factor solar del cristal $g_{\perp}$= 0.42 (Dato especificado en su ficha técnica).
- Marco de PVC (U_m = 2,20 W/m^{2}K).
- Dimensiones del cristal: 70 cm de alto (0,7m) y 30 de ancho (0,3m).
- Color del marco: marrón (oscuro).

Determine el factor solar modificado de la ventana.

Solución

Lo primero que se hará es calcular el factor sombra (F_s). Para ello, habrá que mirar la tabla E.12 (Factor de sombra para obstáculos de fachada: Retranqueo) y se calcularán las relaciones R/W y R/H (R: retranqueo; W: anchura; H: altura;):

R/W = 0,16/0,95 = 0,17

R/H = 0,16/0,46 = 0,35

Una vez calculadas las relaciones R/W y R/H, se seleccionará la fila y la columna que corresponda dependiendo de los resultados obtenidos.

Será necesario fijarse en la segunda columna (0,1 < R/W < 0,2), ya que el valor de R/W está comprendido entre 0,1 y 0,2.

Respecto a las filas, habrá que prestar atención a las que se refieren a la orientación Sur de la ventana. Dentro de estas, se selecciona la tercera, ya que el valor R/H está comprendido entre 0,2 y 0,5.

El factor de sombra es el valor que se obtiene en la intersección de la columna y fila seleccionadas **(F_s = 0,51):**

Tabla E.1.2

ORIENTACIONES DE FACHADAS		0,05 < R/W ≤ 0,1	0,1 < R/W ≤ 0,2	0,2 < R/W ≤ 0,5	R/W > 0,5
S	0,05 < R/H ≤ 0,1	0,82	0,74	0,62	0,39
	0,1 < R/H ≤ 0,2	0,76	0,67	0,56	0,35
	0,2 < R/H ≤ 0,5	0,56	0,51	0,39	0,27
	R/H > 0,5	0,35	0,32	0,27	0,17
SE/SO	0,05 < R/H ≤ 0,1	0,86	0,81	0,72	0,51
	0,1 < R/H ≤ 0,2	0,79	0,74	0,66	0,47
	0,2 < R/H ≤ 0,5	0,59	0,56	0,47	0,36
	R/H > 0,5	0,38	0,36	0,32	0,23
E/O	0,05 < R/H ≤ 0,1	0,91	0,87	0,81	0,65
	0,1 < R/H ≤ 0,2	0,86	0,82	0,76	0,61
	0,2 < R/H ≤ 0,5	0,71	0,68	0,61	0,51
	R/H > 0,5	0,53	0,51	0,48	0,39

A continuación se calcularán los valores de FM y F_V.

La fracción del hueco ocupada por el cristal (F_V) se calcula dividiendo el área de éste entre la superficie total que ocupa el hueco:

- $A_{hueco} = 0{,}95 \cdot 0{,}46 = 0{,}44\ m^2$
- $A_{cristal} = 0{,}7 \cdot 0{,}3 = 0{,}21\ m^2$
- $F_v = 0{,}21 / 0{,}44$
- $\mathbf{F_v = 0{,}47}$

La fracción del hueco ocupada por el marco (FM) corresponderá al resto del espacio del hueco que no está ocupado por el cristal, por lo que se puede calcular de la siguiente manera:

- $FM = 1 - F_v$
- $FM = 1 - 0{,}47$
- $\mathbf{FM = 0{,}53}$

El valor de α (absortividad) se selecciona en la tabla E.10, según sea el color del marco de la ventana. Al ser marrón oscuro, la absortividad tendrá un valor de **0,92.**

Ya se tienen todos los datos necesarios para determinar el valor del factor solar modificado, por lo que se sustituirán cada uno de los valores obtenidos en la expresión:

- $F = F_S \cdot [(1 - FM) \cdot g_{\perp} + FM \cdot 0{,}04 \cdot U_m \cdot \alpha]$
- $F = 0{,}51 \cdot [(1 - 0{,}53) \cdot 0{,}42 + 0{,}53 \cdot 0{,}04 \cdot 2{,}20 \cdot 0{,}92]$
- $F = 0{,}51 \cdot [(0{,}47) \cdot 0{,}42 + 0{,}042]$
- $F = 0{,}51 \cdot [0{,}19 + 0{,}042]$
- $F = 0{,}51 \cdot 0{,}232$
- $\mathbf{F = 0{,}11}$

El factor solar modificado (F) tiene un valor de 0,11.

Aplicación práctica

Desea reemplazar la ventana de su lucernario, el cual tiene un factor solar modificado de 0,33. Dimensiones: 0,5 m de ancho (Y) y 0,5 m de alto (X). Altura del lucernario al techo inferior (Z): 1m.

Si desea reducir este valor, verifique si bastaría sustituir la ventana por otra que tenga un factor solar de 0,49 (indicado en las especificaciones técnicas del fabricante).

SOLUCIÓN

En primer lugar, se calculará el factor sombra (Fs), por lo que hay que determinar las relaciones Y/Z y X/Z (Tabla E.15).

$$Y/Z = 0{,}5/1 = 0{,}5$$

$$X/Z = 0{,}5/1 = 0{,}5$$

A continuación, será necesario fijarse en la tabla E.15 y se seleccionará el valor del factor de sombra que corresponda:

		Y/Z					
		0,1	0,5	1,0	2,0	5,0	10,0
X/Z	0,1	0,42	0,43	0,43	0,43	0,44	0,44
	0,5	0,43	0,46	0,48	0,50	0,51	0,52
	1,0	0,43	0,48	0,52	0,55	0,58	0,59
	2,0	0,43	0,50	0,55	0,60	0,66	0,68
	5,0	0,44	0,51	0,58	0,66	0,75	0,79
	10,0	0,44	0,52	0,59	0,68	0,79	0,85

Continúa en página siguiente >>

<< Viene de página anterior

El factor de sombra (Fs) tiene un valor de 0,46.

El factor solar modificado (F) es el producto del factor solar porel factor de sombra, por lo que:

$$F = 0{,}49 \cdot 0{,}46$$
$$F = 0{,}22$$

El factor solar modificado de su lucernario tendrá un valor de 0,22; por lo que, con él, conseguirá reducir el valor anterior (0,33).

Actividades

14. Calcule el factor solar modificado de uno de los huecos de su domicilio. Si no dispone de la documentación técnica necesaria para el cálculo, puede buscarla en internet (si no es la misma, que sea similar).

8. Construcción bioclimática

La construcción o arquitectura bioclimática tiene como objetivo fundamental hacer un uso eficiente de la energía y de los recursos, de manera que se garanticen ciertas condiciones de confort, además de la sostenibilidad del medio ambiente.

La arquitectura bioclimática diseña los edificios intentando minimizar su impacto ambiental por medio del aprovechamiento de los recursos disponibles y así disminuir la demanda y el consumo energético de la edificación. Esto se hace garantizando unas condiciones de confort y bienestar óptimas para los usuarios del edificio.

Sabía que...

El sector de la vivienda y de los servicios consume más del 40% de energía respecto al consumo energético final de la Comunidad Económica Europea y se prevé que en el futuro aumente.

La arquitectura bioclimática debe estar muy relacionada con ciertos factores que influyen de manera directa en la demanda de energía de una edificación como pueden ser: la localización, el clima de zona, la orientación, los materiales que la constituyen, etc. De esta manera se pueden efectuar un aprovechamiento de los recursos tal, que sirva para fomentar la sostenibilidad.

8.1. Razones para fomentar la construcción bioclimática

Las razones fundamentales que justifican la arquitectura bioclimática son las siguientes:

- Existe un problema energético de gran importancia:
  - La energía que se suele consumir es un bien escaso que se produce con la combustión de combustibles fósiles, lo cual hace que se desprendan gases, como el dióxido de carbono, que favorecen (entre otras cosas) al denominado efecto invernadero, provocando el incremento de la temperatura del planeta.
  - La energía nuclear tiene el problema de generar una cantidad importante de residuos radiactivos.

- Actualmente, las energías renovables no ofrecen una autonomía o rendimiento como el que garantizan las energías convencionales o nucleares.

- La arquitectura bioclimática disminuye la demanda energética, colaborando enormemente en la reducción de los problemas medioambientales que provocan el uso de la energía convencional.
- La reducción del consumo energético también implica un importante ahorro económico en las facturas de electricidad, agua o gas.
- Influye en el confort, ya que consigue unas condiciones adecuadas de temperatura, humedad, calidad del aire interior, etc.
- La arquitectura bioclimática actúa en la integración de los edificios con el entorno que les rodea, por lo que se favorece la sostenibilidad ambiental.

Edificio sostenible

Por lo general, el sector de la construcción siempre ha buscado la rentabilidad a corto plazo, sin tener en cuenta otros factores tales como el mantenimiento energético de los edificios. Esto ha hecho que la arquitectura sostenible siempre quedara relegada a un segundo plano.

La crisis que actualmente afecta al sector, junto con la aprobación de nuevas normativas y una concienciación cada vez mayor, está favoreciendo al auge del ahorro energético en la edificación.

8.2. Tipos de edificación bioclimática

A continuación, se muestra una clasificación de los diferentes tipos de edificaciones bioclimáticas que existen:

- Los edificios en los que se busca una gran eficiencia energética mediante el diseño de la edificación y sus especificaciones técnicas y constructivas, sin considerar otros aspectos del medio ambiente. En estos casos solo se tienen en cuenta las ganancias y pérdidas energéticas que se dan lugar en la vivienda y que influyen en el confort climático.
- Aquellos en los que se tiene en cuenta todo el proceso de construcción del edificio, desde la extracción y elaboración de los materiales a su implantación en la obra, utilización y reciclaje. En estos casos se lleva a cabo un análisis exhaustivo de los materiales que se utilizan en la construcción.
- Aquellos en los que se tiene en cuenta el medio en el que se localizan, además de los recursos naturales limitados. De esta manera, el edificio se adapta al paisaje que le rodea. La finalidad de estas edificaciones está relacionada con el ahorro de agua y con el impacto visual del edificio, fomentando la integración del mismo con especies autóctonas.

Importante

Una de las características más importantes que presenta la construcción bioclimática es que debe ser flexible y variable de manera que se adapte al medio y usuario que corresponda en cada caso. Por este motivo, se hace necesario llegar a un equilibrio con los requisitos del medio natural para lograr los objetivos fijados, garantizando siempre el confort y el bienestar.

El medio natural siempre debe considerarse como un parámetro integrado dentro del diseño de la edificación, nunca como un añadido.

8.3. Sistemas en la construcción bioclimática

La construcción bioclimática cuenta con dos tipos de sistemas (los cuales se suelen utilizar de manera combinada) que se usan para controlar el consumo de la energía en las edificaciones del edificio. Estos son:

- **Sistemas pasivos.** Estos sistemas constituyen un tipo de medidas poco complejas y de reducido mantenimiento. Se basan en el control de ciertas variables presentes en el interior de un edificio (como por ejemplo, la temperatura y humedad, etc.) mediante el uso del diseño y materiales adecuados. La envolvente de la estructura debe comportarse como si se tratara de un filtro térmico, acústico y luminoso, el cual deberá estar capacitado para integrar los recursos externos y así reducir la demanda de energía además de optimizar el confort y bienestar. Los sistemas pasivos actúan fundamentalmente en:
  - La radiación solar, la cual se controla facilitando o limitando su incidencia.
  - El aislamiento.
  - La inercia térmica.
- **Sistemas activos.** Estos sistemas utilizan las nuevas tecnologías existentes que aprovechan las energías renovables. Los más utilizados son: la energía solar (para la demanda de agua caliente sanitaria o de calefacción), la energía eólica, la energía geotérmica o la biomasa.
  En este tipo de sistemas también se incluyen a aquellos que contribuyen al ahorro de energía como la domótica, los sistemas reguladores de iluminación, control de persianas, etc.

Definición

Inercia térmica

Es una propiedad que mide la capacidad que tiene un cuerpo para retener la energía térmica recibida e ir liberándola progresivamente.

Actividades

15. ¿Qué tipo de sistema de arquitectura bioclimática cree que correspondería a la utilización de captadores solares (energía solar térmica) en una edificación?

Placas de energía solar térmica en la cubierta de un edificio

8.4. Parámetros que intervienen en el diseño de un edificio bioclimático

El objetivo de una edificación que ha sido proyectada y construida según las premisas del diseño bioclimático es el ahorro de energía, pudiendo incluso llegar a ser autosuficiente energéticamente.

Sabía que...

Una edificación que haya sido construida y diseñada según los criterios de la arquitectura bioclimática puede llegar a alcanzar un ahorro de energía convencional de hasta un 60% sin que se produzcan sobrecostos en el precio de la construcción y sin que afecte estéticamente a la imagen final de la estructura.

A continuación, se van a estudiar los parámetros fundamentales que intervienen en el ahorro energético de una edificación.

Ubicación

La ubicación del edificio es un factor fundamental de cara a su comportamiento energético, ya que determina las condiciones climáticas que van a afectar a la estructura. El estudio de las condiciones ambientales permite plantear diferentes estrategias constructivas que optimicen el uso de los recursos y garanticen el confort y la sostenibilidad. Dichas condiciones se pueden clasificar en macroclimáticas y microclimáticas.

Las condiciones **macroclimáticas** son aquellas que dependen de la zona del planeta donde se ubique el edificio, mientras que las **microclimáticas** son aquellas relacionadas con la geografía del lugar, como pueden ser los accidentes geográficos, y que influyen y modifican las condiciones microclimáticas de la zona.

Edificio construido en un acantilado

Aplicación práctica

Imagine que dispone de un terreno edificable en una zona rural en la que no existen edificios cercanos. Desea construir un bloque de pisos en dicha parcela y decide considerar la condiciones ambientales que van a influir en el comportamiento energético del edificio. Indique las condiciones macroclimáticas y microclimáticas que habrá que tener en cuenta.

SOLUCIÓN

Condiciones macroclimáticas:

- Las temperaturas medias, máximas y mínimas de la zona a lo lago del día, tanto en invierno como en verano.
- La probabilidad de lluvias.
- La humedad.
- La radiación solar incidente.
- La dirección del viento más probable y la velocidad que tendrá.

Condiciones microclimáticas:

- Las pendientes del terreno donde se edifique, lo cual influirá en la orientación del edificio.
- La altura de montañas y demás elevaciones cercanas, ya que podrían actuar como barrera frente al viento y/o frente a la radiación solar.
- La existencia de masas de agua cercanas, la cuales pueden "frenar" las variaciones térmicas bruscas además de incrementan la humedad ambiente.
- Las concentraciones boscosas y de vegetación cercanas.

Forma

La forma de un edificio es un factor determinante en la búsqueda de soluciones que garanticen unas demandas de energía mínimas que sean cubiertas mediante climatización artificial y que aprovechen al máximo tanto la radiación solar incidente como la iluminación natural.

La forma que tenga el edificio va a influir directamente en:

- **La superficie de contacto del edificio con el exterior.** Esto afectará a la transmisión de calor a través del mismo. Para minimizar las pérdidas energéticas en invierno y maximizar las ganancias en verano, se hace necesario que esta superficie sea lo más pequeña posible, es decir, que la forma del edificio sea más compacta, evitando, salientes, patios, alas, etc.
- **La resistencia frente al viento.** Cuanto más grande sea una edificación, mayor será la resistencia frente al viento que ofrecerá, excepto en aquellos casos en los que existan obstáculos que lo frenen.
  En el caso en el que la resistencia frente al viento fuera alta, sería beneficioso en verano, ya que aumentaría la ventilación del edificio, pero sería un inconveniente en invierno ya que favorecería las infiltraciones. Es tarea del proyectista "jugar" con la forma que va a tener un edificio para maximizar la ventilación en verano y minimizar las infiltraciones en invierno.
- **La ubicación y tamaño de los huecos en la fachada, lo cual influirá en la ganancia solar.**

Recuerde

Los huecos son todos aquellos elementos parcialmente transparentes de la envolvente de un edificio. Estos son las ventanas y puertas acristaladas.

Orientación

La orientación de la edificación afectará directamente a la luz solar que se capte a través de las ventanas. Por lo general, en una vivienda interesa captar la mayor cantidad de energía solar posible, ya que influye en la reducción del consumo de calefacción en invierno. Por el contrario, durante el verano es importante limitar dicha captación, ya que con ello se consigue reducir la demanda de refrigeración.

Las principales orientaciones que puede tener un edificio son las siguientes:

- **Orientación norte.** El sol nunca incide en la parte del edificio orientada hacia el norte y a lo largo del día siempre hay la misma luz, aunque esta es escasa. Esta zona corresponde a la parte más fría de la vivienda.

Fachada de un edificio

- **Orientación sur.** En invierno, las zonas orientadas al sur reciben radiación solar durante muchas horas a lo largo del día, mientras que en verano esta no incide directamente en la fachada, sino por encima.
- **Orientación este.** Las zonas orientadas al oeste reciben la radiación de forma tangencial y oblicua en las primeras horas de la mañana.
- **Orientación oeste.** Las fachadas orientadas al oeste también reciben radiación solar de forma tangencial y oblicua pero en las últimas horas de la tarde. Debido a que en estas últimas horas la temperatura ambiente es mayor que la que hay en las primeras horas, se produce un efecto de sobrecalentamiento, sobre todo en verano.

Aislamiento térmico de los cerramientos

El aislamiento térmico es un factor que afecta directamente en el consumo energético de la edificación, ya que éste dificulta la conducción de calor del interior al exterior en invierno y viceversa durante el verano.

En la composición de los cerramientos de un edificio es de obligado cumplimiento, según la normativa vigente, incluir aislantes térmicos que ofrezcan una alta resistencia al paso del calor.

Aplicación práctica

Una vez analizadas las condiciones macroclimáticas y microclimáticas que influirán energéticamente en su edificación, decide que la fachada de su edificio irá orientada hacia el sur. ¿Qué ventajas desde el punto de vista de la radiación solar cree que puede tener esta decisión si no existen obstáculos que limiten la captación?

SOLUCIÓN

El hecho de que la fachada esté orientada hacia el sur, hace que durante el invierno reciba radiación solar durante muchas horas a lo largo del día, lo cual proporcionará calefacción natural, reduciendo el consumo de la luz artificial.

Por otro lado, durante el verano, la radiación no incidirá directamente sobre la fachada. Esto reducirá el sobrecalentamiento de edificio y, por consiguiente, la demanda de refrigeración.

Inercia térmica

La inercia térmica es una propiedad muy importante en la arquitectura bioclimática, ya que ayuda a estabilizar la temperatura del interior de los edificios a lo largo del año.

Durante el invierno, los materiales almacenan el calor del sol durante el día, liberándolo durante la noche. Esto evita que la vivienda sufra las fluctuaciones del ambiente cuando no existe aporte de calefacción. Durante el verano, los materiales almacenan el calor de la vivienda, manteniéndola a una temperatura inferior respecto al la del exterior, liberándolo durante el noche si existe a una buena ventilación.

Recuerde

La inercia térmica es una propiedad que mide la capacidad que tiene un cuerpo para retener la energía térmica recibida e ir liberándola progresivamente.

Acristalamientos

Al igual que ocurre con los cerramientos opacos, a través de los acristalamientos se producen conducciones de calor entre las zonas de mayor y menor temperatura. Esto hace que se produzcan pérdidas energéticas considerables.

Es importante tener en cuenta que las pérdidas energéticas que se producen a través de una ventana en invierno son muy superiores a las que se dan a través de una pared aislada.

Cerramiento de una terraza

También es necesario considerar la radiación solar que deja pasar las ventanas. Cuando la radiación solar incide en el vidrio, parte de ella es absorbida, otra es reflejada y el resto es trasmitida hacia el interior. Durante el invierno, es conveniente que el factor solar sea lo más grande posible, ya que de esta manera las ventanas dejarían pasar más cantidad de energía, minimizándose el consumo de calefacción.

Recuerde

El factor solar es la relación (división) que existe entre la radiación solar a incidencia normal que entra en una edificación a través del acristalamiento y la que entraría si el acristalamiento se reemplazara por un hueco totalmente transparente.

Captación solar

El propio diseño de la edificación debe garantizar un máximo aprovechamiento de la energía solar sin que sea necesario usar otro tipo de sistemas. Las ventanas facilitan el efecto invernadero, ya que a través de las mismas la radiación solar entra en el interior calentando los elementos que se encuentre. Por otra parte, el vidrio no deja pasar la radiación infrarroja emitida por aquellos elementos calentados por la radiación solar, lo que hace que ésta quede dentro de la edificación.

Nota

La radiación solar es la principal fuente de energía que se usa para cubrir la demanda de calefacción en un edificio bioclimático.

Los elementos que han sido calentados por la radiación solar liberarán posteriormente dicha energía, manteniendo la temperatura del interior. Esto dependerá de la inercia térmica que presenten. Es de gran importancia que estas masas térmicas se ubiquen de manera que se maximice la cantidad de energía solar que reciban.

Protección contra la radiación solar en verano

La radiación solar también hace que la demanda energética por refrigeración se incremente durante el verano. Esta demanda es mucho mayor en las zonas climáticas más calurosas y especialmente en las edificaciones destinadas a oficinas donde el consumo energético por refrigeración supone una parte importante de la demanda energética total del edificio.

Con el uso de elementos de protección contra la radiación, logramos limitar la radiación solar incidente sobre el edificio, a la vez que conseguimos disminuir la demanda de refrigeración.

Toldo en una fachada

La ventilación

La ventilación es un factor muy importante en cualquier tipo de edificio, especialmente en aquellos destinados a la vivienda, ya que estos suelen ser más compactos y aislantes. Esto hace que sean más estancos e impermeables al aire exterior.

Los objetivos de la ventilación son:

- Renovación del aire interior para mantener las condiciones higiénicas. Hay que tener en cuenta que siempre deben cumplirse los requisitos mínimos establecidos en el CTE.
- Mejorar el confort térmico y mantener el grado de humedad.
- Actuar sobre la climatización. Esto es muy importante en verano, ya que durante la noche el aire procedente del exterior absorbe el calor que la vivienda ha almacenado a lo largo del día.

Ahorro en la iluminación

En una construcción bioclimática, especialmente cuando se trata de edificaciones destinadas a oficinas; la iluminación es un factor muy importante a tener en cuenta, ya que su consumo representa uno de los principales gastos energéticos.

Oficina

Por este motivo, es fundamental que en el diseño del edificio se tengan en cuenta ciertos factores tales como: la ubicación y dimensiones de las ventanas, la colocación de lucernarios y/o demás elementos que permitan el paso de la luz natural, las características de los vidrios, etc.

Existen sistemas de control de iluminación, que son capaces de regular la iluminación artificial en función de la luz natural que entre en una estancia. Estos dispositivos garantizan un ahorro energético considerable además de proporcionar un confort máximo.

Actividades

16. Busque en internet algún modelo de dispositivo de control automático de iluminación y, una vez estudiadas sus especificaciones, determine las ventajas e inconvenientes que puedan suponer su instalación y uso en un edificio residencial.

Sistemas para cubrir la demanda energética

Respecto a la demanda energética, es importante que sea cubierta de la manera más eficiente posible y con el menor impacto para el medio ambiente.

Para ello, se hace necesario seleccionar en cada caso la instalación más idónea, la cual deberá permitir que la demanda energética sea cubierta de la forma más limpia posible, teniendo siempre en cuenta el medio en el que se encuentre el edificio.

Es importante que se utilicen equipos y sistemas de alto rendimiento que sean eficientes energéticamente para que la demanda se transforme en un consumo que sea lo más bajo posible.

9. Sostenibilidad y análisis del ciclo de vida

El Análisis del Ciclo de Vida (ACV) consiste en un proceso que se realiza para evaluar objetivamente las cargas ambientales a las que está sometido un producto, proceso o actividad. En el ACV se identifica y cuantifica el consumo de materia y energía, así como los vertidos que se hacen sobre el entorno. Con esto se determinan los efectos que se producen sobre el medio ambiente al realizar dichas actividades, lo cual permitirá plantear estrategias sostenibles que minimicen el impacto ambiental.

En el ACV se tiene en cuenta la totalidad del ciclo del producto, proceso o actividad, considerándose las etapas de: extracción, tratamiento de materias primas, producción, transporte, distribución; utilización, reutilización, mantenimiento, reciclaje y tratamiento de residuos.

En definitiva, el ACV es un proceso en el que se somete a los productos a los efectos ambientales adversos, correctamente cuantificados, generados durante la totalidad su ciclo de vida.

Recuerde

Los efectos medioambientales influyen de manera directa en la demanda de energía de una edificación.

9.1. El ACV y la construcción sostenible

Para estudiar los efectos medioambientales que suponen la construcción y el uso de edificios, se hace necesario analizar la totalidad del proceso que engloba la edificación:

- **Extracción de recursos.** En la edificación se utiliza una enorme variedad de tipos de materiales, tanto renovables como no renovables. La extracción de muchos de ellos supone un importante impacto sobre el medio ambiente.

Explotación de una cantera

- **Fabricación de los materiales.**
- **Transporte.** Gracias a las facilidades de transporte de las que disponemos hoy en día, los materiales que se usan en la construcción pueden tener orígenes geográficos diversos.
- **Construcción.** Por lo general, los edificios se construyen en el mismo lugar donde van a ser implantados. Esto hace que los solares se conviertan en algo parecido a industrias al aire libre.

Obras de edificación

- **Ocupación y mantenimiento.** Los impactos más importantes derivados del uso de los edificios están relacionados con el consumo energético. También es importante tener en cuenta en esta etapa las reparaciones, reformas y demás intervenciones que no impliquen la demolición.
- **Demolición.** En una edificación que va a ser demolida es importante considerar la reutilización de ciertos componentes que forman parte de su estructura. También hay que tener en cuenta el proceso de desecho y tratamiento de los materiales no reciclables o no reutilizables.

Demolición de un edificio

Aplicación práctica

Desea realizar un ACV de una estructura de madera que va ser construida. Dicha estructura estará destinada a la vivienda y la madera que se va a utilizar corresponde a un tipo muy específico que no está disponible en su país.

Indique y describa brevemente las etapas a tener en cuenta en el ACV de esta estructura.

Continúa en página siguiente >>

<< Viene de página anterior

SOLUCIÓN

Las principales etapas a tener en cuenta son:

- Extracción de recursos. Tala de madera y extracción de los demás recursos necesarios para la construcción de la estructura.
- Fabricación. Tratamiento previo la madera, fabricación de las piezas de la estructura, etc.
- Transporte. Distribución de la madera y demás recursos. Es un factor importante a tener en cuenta, ya que la madera procede del extranjero.
- Construcción. Construcción de la estructura (ruido, emisión de partículas, etc.).
- Ocupación y mantenimiento. Consumo energético (de agua, calefacción, refrigeración, etc.) y mantenimiento de la estructura cuando se utilice como vivienda.
- Demolición. Tratamiento de los residuos y reciclaje de la madera (por ejemplo, para construir tableros aglomerados).

10. Resumen

En el sector de la construcción es muy importante analizar y controlar el consumo de energía, ya que se estima que los edificios representan alrededor del 40% del consumo total energético, siendo superior al 20% el ahorro energético que se puede lograr en los mismos.

En este capítulo se han estudiado diversos aspectos relacionados con la edificación y la eficiencia energética de los edificios, entre los cuales se destacan:

- Concepto de edificio y tipos más usuales.
- Definición, tipos y características de las principales estructuras utilizadas en la edificación, según el material del que están constituidas: madera, acero y hormigón.
- Definición, características, tipos, elementos y demás aspectos relacionados con la cimentación de edificios.
- Definición y características energéticas relacionadas con los principales elementos que constituyen a los edificios.

- Cálculo y definición de dos parámetros muy importantes relacionados con la eficiencia energética en los edificios: la resistencia térmica total y el factor solar modificado.
- Características y factores a tener en cuenta en la construcción bioclimática de los edificios.
- Concepto y etapas del ACV aplicado a la construcción de edificios.

Ejercicios de repaso y autoevaluación

1. Enumere los principales tipos de edificios que existen según su uso.

____
____
____
____

2. El hormigón es un material muy resistente a la...

a. ... compresión.
b. ... tracción.
c. ... torsión.
d. Las opciones a. y b. son correctas.

3. Complete el siguiente texto.

El hormigón armado es el resultado de unir adecuadamente hormigón con armaduras de __________. Esto da lugar a estructuras que resisten acciones que provocan esfuerzos de __________ y de __________.

4. Explique la siguiente afirmación: "Las estructuras de acero permiten grandes luces".

____
____
____
____
____
____
____

5. ¿Qué características deben tener las zapatas que se usan en la cimentación de edificios?

____
____
____
____
____
____
____

6. ¿Qué cantidad de calor se suele perder a través del suelo respecto a la dispersión térmica total de un edificio?

a. Alrededor del 70 %.
b. Un 50 % aproximadamente.
c. Entre un 15 % y un 20 %.
d. No es significativa.

7. Complete la siguiente oración.

Debido a que el calor tiende a __________, las pérdidas de calor a través de las __________ de los edificios pueden llegar a ser hasta una __________ parte de las pérdidas energéticas totales del conjunto de la estructura.

8. ¿Qué son los muros de gravedad?

____
____
____
____

9. La mayoría de los siniestros que afectan a los edificios (y que sus usuarios reclaman a sus respectivas compañías de seguros) están relacionados con...

a. ... filtraciones a través de cubiertas.
b. ... deterioro en los cerramientos.

c. ... la humedad.
d. Todas las opciones son correctas.

10. La capacidad que tiene un material a oponerse al flujo de calor se denomina...

a. ... resistencia térmica.
b. ... conductividad térmica.
c. ... aislamiento térmico.
d. ... factor calorífico.

11. Complete la siguiente oración.

El factor __________ es la relación (división) que existe entre la radiación solar a incidencia normal que entra en una edificación a través del __________ y la que entraría si el __________ se reemplazara por un __________ totalmente __________.

12. ¿Qué parámetros influyen a la hora de calcular el factor sombra de un lucernario?

____

____

13. ¿Cuál es el objetivo fundamental de la construcción bioclimática?

____

____

____

____

14. De las siguientes frases, indique cuál es verdadera o falsa.

a. Por lo general, en una vivienda conviene captar la menor cantidad de energía solar posible.

☐ Verdadero
☐ Falso

b. La ubicación del edificio es un factor fundamental en el comportamiento energético de un edificio, ya que determina las condiciones climáticas que van a afectar a la estructura.

- ☐ Verdadero
- ☐ Falso

c. En una construcción bioclimática, especialmente cuando se trata de edificaciones destinadas a oficinas, la iluminación es un factor muy importante a tener en cuenta, ya que su consumo representa uno de los principales gastos energéticos.

- ☐ Verdadero
- ☐ Falso

15. El Análisis del Ciclo de Vida (ACV) consiste en un proceso que se realiza para evaluar objetivamente las cargas ambientales a las que está sometido...

a. ... un producto.
b. ... un proceso.
c. ... una actividad.
d. Todas las opciones son correctas.

Capítulo 2

Condensaciones en la edificación

Contenido

1. Introducción

Las condensaciones de humedad son fenómenos que se producen debido al cambio de estado de una fracción del vapor de agua presente en aire. Fundamentalmente, estos fenómenos afectan a los paramentos de los edificios, concretamente:

- A su superficie interior.
- A su superficie exterior.
- Al interior de los mismos.

Las condensaciones de humedad provocan una cantidad considerable de efectos adversos que influyen negativamente en el confort y salud de los usuarios, así como en la integridad de la propia estructura del edificio.

2. Condiciones interiores y exteriores

El CTE establece las condiciones, tanto interiores como exteriores, a tener en cuenta en el cálculo de las condensaciones de los edificios. A continuación se muestra el texto relacionado extraído de dicha normativa.

Recuerde

El Código Técnico de la Edificación (CTE) es el marco normativo español que establece los requisitos que deben cumplir los edificios en relación con las exigencias básicas de seguridad y habitabilidad establecidas en la Ley 38/1999 de 5 de noviembre, de Ordenación de la Edificación (LOE).

Las exigencias básicas de calidad que deben cumplir los edificios están relacionadas con la seguridad: seguridad estructural, seguridad contra incendios, seguridad de utilización; y habitabilidad: salubridad, protección acústica y ahorro de energía.

Nota: En el siguiente texto se hará referencia a algunas expresiones, tablas y apartados del Documento Básico HE Ahorro de Energía del CTE. A continuación se incluye un breve glosario que permite identificar rápidamente dichas referencias:

- (Tabla G.1): datos climáticos mensuales de capitales de provincia, T en °C y HR en %.
- (Apartado G.3.1): cálculo de la presión de saturación de vapor.
- (Apartado G.3.2): cálculo de humedad relativa interior.

2.1. Condiciones exteriores

Respecto a las condiciones exteriores que hay que tener en cuenta para el cálculo de condensaciones en los edificios, el CTE establece las siguientes consideraciones:

1. Se tomarán como temperatura exterior y humedad relativa exterior los valores medios mensuales de la localidad donde se ubique el edificio.
2. Para las capitales de provincia, los valores que se usarán serán los contenidos en la tabla G.1.
3. En el caso de localidades que no sean capitales de provincia y que no dispongan de registros climáticos contrastados, se supondrá que la temperatura exterior es igual a la de la capital de provincia correspondiente minorada en 1 °C por cada 100 m de diferencia de altura entre ambas localidades. La humedad relativa para dichas localidades se calculará suponiendo que su humedad absoluta es igual a la de su capital de provincia.

Definición

Humedad absoluta, relativa y saturación

La humedad absoluta es la cantidad de vapor de agua contenida por metro cúbico (m^3) de aire. Puede expresarse en g/m^3 y su valor es independiente de la temperatura.

Por otro lado, la humedad relativa es la relación que existe entre la humedad absoluta y la cantidad de saturación. Este valor se expresa en porcentaje y es dependiente de la temperatura.

Humedad ambiente

Se dice que una masa de aire con una determinada temperatura está saturada cuando contiene la máxima cantidad de vapor de agua que puede albergar a una cierta temperatura y presión. En este caso, si se incrementara la cantidad de vapor de agua o se disminuyera la temperatura del aire, el vapor se condensaría, retornando a su estado líquido.

4. El procedimiento a seguir para el cálculo de la humedad relativa de una cierta localidad a partir de los datos de su capital de provincia es el siguiente:

a. Cálculo de la presión de saturación de la capital de provincia P_{sat} en [Pa], a partir de su temperatura exterior para el mes de cálculo en [ºC], según el apartado G.3.1.

b. Cálculo de la presión de vapor de la capital de provincia P_e en [Pa], mediante la expresión:

$$P_e = \phi_e \cdot P_{sat} (\theta_e)$$

Siendo:

- ϕ_e la humedad relativa exterior para la capital de provincia y el mes de cálculo [en tanto por 1].
- θ_e la temperatura exterior en ºC.

c. Cálculo de la presión de saturación de la localidad $P_{sat,loc}$ en [Pa], según el apartado G.3.1, siendo ahora θ la temperatura exterior para la localidad y el mes de cálculo en [ºC].

d. Cálculo de la humedad relativa para dicha localidad y mes, mediante:

$$\phi_{e,loc} = P_e / P_{sat,loc} (\theta_{e,loc})$$

5. Si la localidad se encuentra a menor altura que la de referencia se tomará para dicha localidad la misma temperatura y humedad que la que corresponde a la capital de provincia.

Definición

Presión de vapor y presión de saturación

La presión de vapor del aire es la presión parcial a la que se encuentra el vapor de agua que contiene.

La presión de saturación del aire a una temperatura determinada es la presión máxima que el vapor que contiene puede tener a dicha temperatura.

Actividades

1. ¿Qué valores de humedad relativa y de temperatura exterior presenta la capital de su provincia según el CTE?

2.2. Condiciones interiores

Este apartado se subdivide en dos, según sea el tipo de condensación a calcular.

Para el cálculo de condensaciones superficiales

Para el cálculo de condensaciones superficiales se seguirán los siguientes pasos:

1. Se tomará una temperatura del ambiente interior igual a 20 ºC para el mes de enero.
2. En caso de conocer el ritmo de producción de la humedad interior, y la tasa de renovación de aire, se podrá calcular la humedad relativa interior del mes de enero mediante el método descrito en el apartado G.3.2.

3. Si se dispone del dato de humedad relativa interior y esta se mantiene constante, debido por ejemplo a un sistema de climatización, se podrá utilizar dicho dato en el cálculo añadiéndole 0,05 como margen de seguridad.

Definición

Condensaciones superficiales
Las condensaciones superficiales consisten en manifestaciones de humedad que se producen en las caras interiores de un cerramiento.

Para el cálculo de condensaciones intersticiales

Los pasos a seguir en el cálculo de las condenaciones intersticiales, son:

1. En ausencia de datos más precisos, se tomará una temperatura del ambiente interior igual a 20 °C para todos los meses del año, y una humedad relativa del ambiente interior en función de la clase de higrometría del espacio:

    a. Clase de higrometría 5: 70 %.
    b. Clase de higrometría 4: 62 %.
    c. Clase de higrometría 3 o inferior: 55 %.

2. En caso de conocer el ritmo de producción de la humedad interior, y la tasa de renovación de aire, se podrá calcular la humedad relativa interior para cada mes del año mediante el método descrito en el apartado G.3.2.
3. Si se dispone de los datos temperatura interior y de humedad relativa interior, se podrán utilizar dichos datos en el cálculo añadiéndole 0,05 a la humedad relativa como margen de seguridad.

Nota

Respecto a la clase de higrometría, tal y como se indica en la Norma UNE-EN ISO 13788:2016, se establecen las siguientes categorías:

- Espacios de clase de higrometría 5: espacios en los que se prevea una gran producción de humedad, tales como lavanderías y piscinas.
- Espacios de clase de higrometría 4: espacios en los que se prevea una alta producción de humedad, tales como cocinas industriales, restaurantes, pabellones deportivos, duchas colectivas u otros de uso similar.
- Espacios de clase de higrometría 3 o inferior: espacios en los que no se prevea una alta producción de humedad. Se incluyen en esta categoría todos los espacios de viviendas y el resto de los espacios no indicados anteriormente.

Definición

Condensaciones intersticiales
Las condensaciones intersticiales son manifestaciones de humedad que se producen en las capas interiores de los cerramientos.

Actividades

2. ¿Qué clase se higrometría, según la Norma UNE-EN ISO 13788:2016, cree que tendrá el espacio interior de un almacén de electrodomésticos?

3. Condensaciones superficiales

Como ya se comentó antes, las condensaciones superficiales son aquellas que se producen en las caras interiores de los cerramientos. Esto ocurre cuando la temperatura superficial del cerramiento es inferior a la de temperatura de rocío.

Manchas de humedad por condensaciones superficiales

Definición

Temperatura de rocío
Es la temperatura en la que el vapor de agua empieza a condensarse en el ambiente, es decir, cuando la presión de vapor se iguala a la presión de saturación.

Las condensaciones superficiales suelen producirse en locales donde se generen grandes cantidades de vapor, como cocinas, baños etc. También es más probable que se originen cuando el material de acabado superficial interior del cerramiento no está correctamente impermeabilizado.

3.1. Factor de temperatura de la superficie interior

El CTE define el concepto de **Factor de temperatura de la superficie interior** como:

Es el cociente entre la diferencia de temperatura superficial interior y la del ambiente exterior y la diferencia de temperatura del ambiente interior y exterior.

En la comprobación de la limitación de condensaciones superficiales en cerramientos y puentes térmicos, el CTE exige que el factor de temperatura de la superficie interior (f_{Rsi}) sea superior al factor de temperatura de la superficie interior mínimo ($f_{Rsi,min}$).

Definición

Puentes térmicos

Los puentes térmicos son aquellas zonas de la envolvente de una edificación en las que existen variaciones respecto a la uniformidad de la construcción. Estas variaciones suelen deberse a cambios en el espesor de los cerramientos y materiales utilizados, por penetración de elementos constructivos con conductividades distintas, etc.

Por lo tanto, los puentes térmicos conforman partes sensibles de los edificios, en las cuales existe una posibilidad mayor de que se produzcan condensaciones, fundamentalmente en invierno y demás épocas frías.

Este factor se puede determinar a partir de la siguiente tabla, la cual relaciona el tipo de espacio que se trate con la zona climática donde se encuentre el edificio:

Categoría del espacio	ZONAS A	ZONAS B	ZONAS C	ZONAS D	ZONAS E
Clase de higrometría 5	0.80	0.80	0.80	0.90	0.90
Clase de higrometría 4	0.66	0.66	0.69	0.75	0.78
Clase de higrometría 3 o inferior a 3	0.50	0.52	0.56	0.61	0.64

Factor de temperatura de la superficie interior mínimo ($f_{Rsi,min}$)

Nota

En el caso de tener información, suficiente, el factor de temperatura de la superficie interior mínimo se calculará de la manera indicada en el apartado G.2.1.2 del Documento Básico HE del CTE, bajo las condiciones interiores y exteriores correspondientes al mes de enero de la localidad que corresponda.

El cálculo del factor de temperatura superficial de cada cerramiento o puente térmico se efectuará de la siguiente manera (texto extraído del CTE: apartado G.2.1.1 del Documento Básico HE Ahorro de Energía).

1. El factor de temperatura de la superficie interior f_{Rsi}, para cada cerramiento, partición interior, o puentes térmicos integrados en los cerramientos, se calculará a partir de su transmitancia térmica mediante la siguiente ecuación:

$$f_{Rsi} = 1 - U \cdot 0,25$$

Siendo:

U la transmitancia térmica del cerramiento, partición interior, o puente térmico integrado en el cerramiento calculada por el procedimiento descrito en el apartado E.1 (cálculo de la transmitancia térmica) [W/m^2 K].

2. El factor de temperatura de la superficie interior f_{Rsi} para los puentes térmicos formados por encuentros de cerramientos se calcularán aplicando los métodos descritos en las Normas UNE-EN ISO 10211:2022. Se podrán tomar por defecto los valores recogidos en documentos reconocidos.

Recuerde

La transmitancia térmica (U) de un elemento se define como el flujo de calor, en régimen estacionario, dividido por el área y por la diferencia de temperaturas de los medios que se sitúan a cada lado de dicho elemento.

Aplicación práctica

Desea estudiar los límites de condensaciones superficiales de los cerramientos y puentes térmicos de su vivienda, comenzando por uno de los muros que constituyen la envolvente de la edificación. Este muro presenta una transmitancia térmica total (U) de 0,5 W/m^{2}K. Sabiendo que su vivienda se ubica en la zona A, determine si se cumplen los límites de condensaciones superficiales de CTE para este cerramiento.

SOLUCIÓN

En primer lugar se determinará el factor de temperatura de la superficie interior mínimo ($f_{Rsi,min}$), el cual se puede conocer consultando la tabla que relaciona el tipo de espacio que se trate con la zona climática donde se encuentre el edificio.

Continúa en página siguiente >>

<< Viene de página anterior

Al tratarse de un espacio de higrometría 3 (vivienda) y, la zona climática donde se ubica el edificio es la A, se obtiene un factor de temperatura de la superficie interior mínimo de 0,5:

Categoría del espacio	Zona A	Zona B	Zona C	Zona D	Zona E
Clase de higrometría 5	0,80	0,80	0,80	0,90	0,90
Clase de higrometría 4	0,66	0,66	0,69	0,75	0,78
Clase de higrometría 3 o inferior a 3	0,50	0,52	0,56	0,61	0,64

A continuación, se calcula el factor de temperatura de la superficie interior (f_{Rsi}):

- $f_{Rsi} = 1 - U \cdot 0,25$
- $f_{Rsi} = 1 - 0,5 \cdot 0,25$
- $f_{Rsi} = 1 - 0,125$
- $f_{Rsi} = 0,875$

Una vez obtenidos los dos factores de temperatura, se comparan para comprobar el límite de condenaciones superficiales del muro. El CTE exige que el factor de temperatura de la superficie interior (0,875) sea superior al factor de temperatura de la superficie interior mínimo (0,5). Esto es cierto, por lo que se cumple el límite de condensaciones superficiales de este cerramiento.

3.2. Humedad relativa interior

Además de la temperatura, la humedad relativa interior es otro factor que influye notablemente en la formación de condensaciones superficiales. El valor de la humedad relativa en el interior de una estancia informa acerca de la cantidad de aire húmedo, a una temperatura determinada, que permanece en el interior.

El aumento o disminución de la temperatura en el interior de una estancia puede hacer que varíe el grado de humedad relativa presente en la misma.

Recuerde

- La humedad relativa es la relación que existe entre la humedad absoluta y la cantidad de saturación. Este valor se expresa en porcentaje y es dependiente de la temperatura.
- La presión de vapor del aire es la presión parcial a la que se encuentra el vapor de agua que contiene.
- La presión de saturación del aire a una temperatura determinada es la presión máxima que el vapor que contiene puede tener a dicha temperatura.

Cálculo de la humedad relativa interior

El CTE establece la manera de calcular la humedad relativa interior. A continuación se muestran los pasos necesarios para el cálculo, los cuales han sido extraídos de dicha normativa:

1. En caso de conocer el ritmo de producción de la humedad interior G y la tasa de renovación de aire n, se podrá calcular la humedad relativa interior mediante el procedimiento que se describe a continuación.
   Definición: La tasa de renovación del aire informa acerca del grado de renovación o reposición del aire del interior de una estancia por aire limpio.
2. La humedad relativa interior ϕ_i (%) para la localidad donde se ubique el edificio y el mes de cálculo se obtendrá mediante la siguiente expresión:

$$\phi_i = \frac{100 \cdot P_i}{Psat\ (\theta_{si})}$$

Siendo:

$P_{sat}(\theta_{si})$ la presión de saturación correspondiente a la temperatura superficial interior obtenida según la ecuación:

$$P_{sat} = 610,5 \cdot e^{\frac{17,269 \cdot \theta}{237,3 + \theta}}$$

P_i la presión de vapor interior calculada mediante la siguiente expresión [Pa]:

$$P_i = P_e + \Delta p$$

Donde:

P_e es la presión de vapor exterior calculada según la ecuación:

$$[Pa]: P_e = \phi_e \cdot P_{sat}\,(\theta_e)$$

Δp es el exceso de presión de vapor interior del local calculado mediante la siguiente ecuación [Pa]:

$$\Delta p = \frac{\Delta v \cdot R_v \cdot (T_i + T_e)}{2}$$

Donde:

- R_v es la constante de gas para el agua = 462 [Pa m^3 / (K kg)].
- T_i es la temperatura interior [K].
- T_e es la temperatura exterior para la localidad y el mes de cálculo [K].

Δv es el exceso de humedad interior obtenida mediante la siguiente expresión [kg/m³]:

$$\Delta v = \frac{G}{n \cdot V}$$

Donde:

- G es el ritmo de producción de la humedad interior [kg/h];
- n es la tasa de renovación de aire [h^{-1}];
- V es el volumen de aire del local [m^3].

Nota

El CTE establece una tabla en la que define las tasas de renovación de aire entre espacios no habitables y el exterior (en h^{-1}):

TASAS DE RENOVACIÓN DE AIRE ENTRE ESPACIOS NO HABITABLES Y EL EXTERIOR (EN H^{-1})		
Nivel de estanqueidad		**h^{-1}**
1	Ni puertas, ni ventanas, ni aberturas de ventilación	0
2	Todos los componentes sellados, sin aberturas de ventilación	0.5
3	Todos los componentes bien sellados, pequeñas aberturas de ventilación	1
4	Poco estanco, a causa de juntas abiertas o presencia de aberturas de ventilación permanentes	5
5	Poco estanco, con numerosas juntas abiertas o aberturas de ventilación permanentes grandes o numerosas	10

4. Condensaciones intersticiales

Las condensaciones intersticiales son aquellas que se producen en algún punto interno de los cerramientos. Esto ocurre cuando la temperatura ambiente es inferior a la temperatura de rocío.

Recuerde

La temperatura de rocío es la temperatura en la que el vapor de agua empieza a condensarse en el ambiente, es decir, cuando la presión de vapor se iguala a la presión de saturación.

Este tipo de condensación puede aparecer simultáneamente con la superficial, ya que el vapor de agua del interior del cerramiento puede filtrarse al exterior.

Condensaciones superficiales e intersticiales alrededor del marco de una ventana

El hecho de que se produzcan condensaciones intersticiales depende fundamentalmente de:

- La cantidad de vapor de agua que atraviese el cerramiento.

- La temperatura y constitución del muro.
- La disposición de las distintas capas que constituyen el cerramiento.
- La permisividad al paso de vapor de agua que ofrezca dicho cerramiento.
- El coeficiente de aislamiento del muro.

Las condensaciones intersticiales pueden producirse fundamentalmente en cerramientos que tengan empotradas tuberías metálicas de agua fría y, los tabiques separadores presenten distintas presiones de vapor.

Actividades

3. Piense en la distribución de habitaciones de su domicilio y determine las zonas en las que crea que será más probable que se produzcan condensaciones intersticiales.

Las condensaciones intersticiales son más usuales en invierno y se suelen localizar en las hojas exteriores del cerramiento (temperatura más baja), ya que las condensaciones tienden a desplazarse hacia el ambiente que presente menor presión de vapor (exterior).

Estos fenómenos también se suelen producir en puentes térmicos, debido a su menor capacidad aislante en relación al resto de la envolvente del edificio.

Recuerde

Los puentes térmicos conforman partes sensibles de los edificios, en las cuales existe una posibilidad mayor de que se produzcan condensaciones, fundamentalmente en invierno y otras épocas frías.

Según el CTE, el procedimiento a seguir para comprobar la formación de condensaciones intersticiales consiste en comparar la presión de vapor y la presión de vapor de saturación de cada punto intermedio de un cerramiento constituido por distintas capas.

Para comprobar que no se originen condensaciones intersticiales se debe comprobar que la presión de vapor en la superficie de cada una de las capas sea menor que la presión de vapor de saturación.

El CTE determina que, para cada cerramiento objeto de estudio se calculará:

a. La distribución de temperaturas.
b. La distribución de presiones de vapor de saturación para las temperaturas calculadas en el punto anterior.
c. La distribución de presiones de vapor.

4.1. Distribución de temperatura

El cálculo de la distribución de temperaturas consiste en determinar las temperaturas a partir de las cuales se va a obtener la distribución de presiones de vapor de saturación. Este cálculo se efectúa para cada una de las capas que conformen el cerramiento.

La distribución de temperaturas a lo largo del espesor de un cerramiento constituido por distintas capas depende de la temperatura del aire a ambos lados de dichas capas, así como de la resistencia térmica superficial interior R_{si} y exterior R_{se}, y de la resistencias térmica de cada una de las capas (R_1, R_2, R_3, ..., R_n).

Recuerde

La resistencia térmica de un material se define como la capacidad que tiene para oponerse al flujo del calor (inversa de la conductividad térmica).

R_{si} y R_{se} son las resistencias térmicas superficiales correspondientes al aire interior y exterior del cerramiento.

A continuación se muestra el procedimiento a seguir para el cálculo de la distribución de temperaturas de un cerramiento (texto extraído del CTE):

a. Cálculo de la resistencia térmica total del elemento constructivo mediante la expresión (E.2) [m^2K/W]:
b. Cálculo de la temperatura superficial exterior θ_{se} :

$$\theta_{se} = \theta_e + \frac{R_{se}}{R_T} \cdot (\theta_i - \theta_e)$$

Nota

En el siguiente texto se hará referencia a algunas expresiones y apartados del Documento Básico HE Ahorro de Energía del CTE. A continuación se incluye un breve glosario que permite identificar rápidamente dichas referencias:

- (E.2): $R_T = R_{si} + R_1 + R_2 + ... + R_n + R_{se}$
- (E.3): $R = e/\lambda$
- (G.1.1): Condiciones exteriores (condiciones para el cálculo de condensaciones).
- (G.1.2.2): Condiciones interiores para el cálculo de condensaciones intersticiales.
- (G.3.1): Cálculo de la presión de saturación de vapor (relaciones psicométricas).

Siendo:

- θ_e la temperatura exterior de la localidad en la que se ubica el edificio, correspondiente a la temperatura media del mes de enero [ºC] (Apartado G.1.1 del CTE);
- θ_i la temperatura interior [ºC]; (definida en el apartado G.1.2.2);
- R_T la resistencia térmica total del componente constructivo [m^2K/W];
- R_{se} la resistencia térmica superficial correspondiente al aire exterior de acuerdo a la posición del elemento constructivo, dirección del flujo de calor y su situación en el edificio [m^2K/W].

c. Cálculo de la temperatura en cada una de las capas que componen el elemento constructivo según las expresiones siguientes:

$$\theta_1 = \theta_{se} + \frac{R_1}{R_T} \cdot (\theta_i - \theta_e)$$

$$\theta_2 = \theta_1 + \frac{R_2}{R_T} \cdot (\theta_i - \theta_e)$$

$$\theta_n = \theta_{n-1} + \frac{R_n}{R_T} \cdot (\theta_i - \theta_e)$$

Siendo:

- θ_{se} la temperatura superficial exterior [ºC];
- θ_e la temperatura exterior de la localidad en la que se ubica el edificio obtenida del apartado G.1.1 correspondiente a la temperatura media del mes de enero [ºC];

- θ_i la temperatura interior definida en el apartado G.1.2.2 (del CTE) [ºC];
- $\theta_1 \ldots \theta_{n-1}$ la temperatura en cada capa [ºC].
- R_1, $R_2 \ldots R_n$ las resistencias térmicas de cada capa definidas según la expresión (E.3) [m^2K/W];
- R_T la resistencia térmica total del componente constructivo, calculada mediante la expresión (E.2) [m^2K/W];

d. Cálculo de la temperatura superficial interior θ_{si}:

$$\theta_{si} = \theta_n + \frac{R_{si}}{R_T} \cdot (\theta_i - \theta_e)$$

Siendo:

- θ_e la temperatura exterior de la localidad en la que se ubica el edificio obtenida del apartado G.1.1 correspondiente a la temperatura media del mes de enero [ºC];
- θ_i la temperatura interior definida en el apartado G.1.2.2 [ºC];
- θ_n la temperatura en la capa n [ºC];
- R_{si} la resistencia térmica superficial correspondiente al aire interior, tomada de la tabla E.1 de acuerdo a la posición del elemento constructivo, dirección del flujo de calor y su situación en el edificio [m^2K/W].
- R_T la resistencia térmica total del componente constructivo calculada mediante la expresión (E.2) [m^2K/W];

Nota

Se considera que la distribución de temperaturas en cada una de las capas es lineal.

4.2. Distribución de la presión de vapor de saturación

Se determinará la distribución de la presión de vapor de saturación a lo largo de un muro formado por varias capas, a partir de la distribución de temperaturas obtenida anteriormente, mediante las expresiones indicadas a continuación (extraído del apartado G.3.1):

- Si la temperatura (θ) es mayor o igual a 0 °C:

$$P_{sat} = 610{,}5 \cdot e^{\frac{17{,}269 \cdot \theta}{237{,}3 + \theta}}$$

- Si la temperatura (θ) es menor 0 °C:

$$P_{sat} = 610{,}5 \cdot e^{\frac{21{,}875 \cdot \theta}{265{,}5 + \theta}}$$

Nota

El número ***"e"*** es un número irracional muy importante en las matemáticas y tiene el siguiente valor:

$e = 2{,}7182818284590452353602874713527...$

El número e también se denomina número de Euler, en honor al matemático y físico Leonhard Euler.

Actividades

4. Calcule la distribución de temperaturas de uno de los cerramientos de su domicilio.
5. Una vez realizada la actividad anterior, determine la distribución de la presión de vapor de saturación del cerramiento en cuestión.

4.3. Distribución de presión de vapor

A continuación se detalla la manera de determinar la distribución de presión de vapor de un cerramiento (texto extraído del CTE):

1. La distribución de presión de vapor a través del cerramiento se calculará mediante las siguientes expresiones:

$$P_1 = P_e + \frac{S_{d1}}{\Sigma S_{dn}} \cdot (P_i - P_e)$$

$$P_2 = P_1 + \frac{S_{d2}}{\Sigma S_{dn}} \cdot (P_i - P_e)$$

$$P_n = P_{n-1} + \frac{S_{d(n-1)}}{\Sigma S_{dn}} \cdot (P_i - P_e)$$

- P_i la presión de vapor del aire interior [Pa];
- P_e la presión de vapor del aire exterior [Pa];
- P_1 ...P_{n-1} la presión de vapor en cada capa n [Pa];
- S_{d1} ...$S_{d(n-1)}$ el espesor de aire equivalente de cada capa frente a la difusión del vapor de agua, calculado mediante la siguiente expresión [m];

$$S_{dn} = e_n \cdot \mu_n$$

Donde:

- μ_n es el factor de resistencia a la difusión del vapor de agua de cada capa, calculado partir de valores térmicos declarados según la Norma UNE-EN ISO 10456:2012 tomado de documentos reconocidos;
- e_n es el espesor de la capa n [m].

Recuerde

Las normas UNE (Una Norma Española) constituyen un conjunto de normas de carácter tecnológico creadas por las Comisiones Técnicas de Normalización. Estas normas son actualizadas periódicamente.

2. La distribución de presiones de vapor a través del cerramiento se puede representar gráficamente mediante una línea recta que una el valor de P_i con P_e, dibujado sobre la sección del cerramiento utilizando los espesores de capa equivalentes a la difusión de vapor de agua, S_{dn}:

Distribución de presiones de vapor de saturación y presiones de vapor en un elemento multicapas del edificio dibujada frente a la resistencia a presión de vapor de cada capa

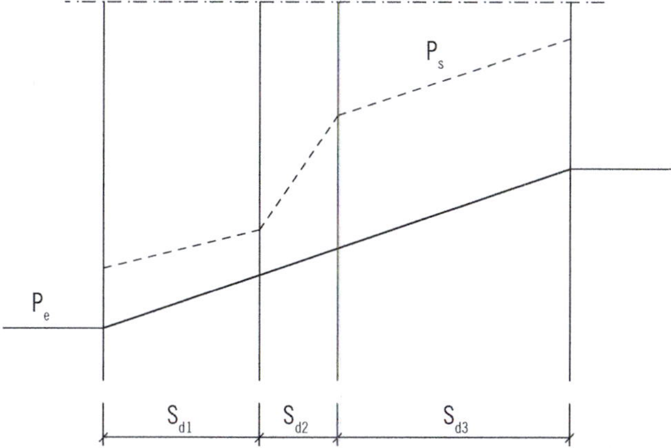

3. Para el cálculo analítico de P_i y de P_e, en función de la temperatura y de la humedad relativa, se utilizará la siguiente expresión:

$$P_i = \phi_i \cdot Psat\ (\phi_i)$$
$$P_e = \phi_e \cdot Psat\ (\theta_e)$$

Siendo:

- ϕ_i la humedad relativa del ambiente interior definida en el apartado G.1.2.2 [en tanto por 1];
- ϕ_e la humedad relativa del ambiente exterior definida en el apartado G.1.1 [en tanto por 1].

Actividades

6. Una vez realizadas las actividades 4 y 5, determine la distribución de presión de vapor de su cerramiento. Cuando lo haga, elabore una tabla en la que refleje y relacione los datos obtenidos en estas actividades.

Aplicación práctica

Está realizando la comprobación de la formación de condensaciones intersticiales en uno de los cerramientos de tu domicilio. En dicho estudio, obtiene la siguiente distribución de temperaturas para las capas de dicho muro:

- $\phi_{se} = 10.6$ °C
- $\phi_1 = 11.2$ °C
- $\phi_2 = 12$ °C
- $\phi_3 = 18.5$ °C
- $\phi_4 = 19$ °C
- $\phi_{si} = 19{,}1$ °C

Determine la distribución de presión de vapor de saturación de las capas.

SOLUCIÓN

Todas las temperaturas son superiores a 0 °C, por lo que, para determinar la presión de vapor de saturación de cada una de las ellas se utilizará la siguiente expresión:

$$P_{sat} = 610{,}5 \cdot e^{\frac{17{,}269 \cdot \theta}{237{,}3 + \theta}}$$

Continúa en página siguiente >>

<< Viene de página anterior

A continuación se calculan las presiones de vapor de saturación de cada capa:

- $P_{sat}(\phi_{se}) = 610{,}5 \cdot e^{(17{,}259 \cdot 10.6/237{,}3+10.6)} = 610{,}5 \cdot e^{0{,}73} = \mathbf{1267\ Pa}$
- $P_{sat}(\phi_{1}) = 610{,}5 \cdot e^{(17{,}259 \cdot 11.2/237{,}3+11.2)} = 610{,}5 \cdot e^{0{,}77} = \mathbf{1318\ Pa}$
- $P_{sat}(\phi_{2}) = 610{,}5 \cdot e^{(17{,}259 \cdot 12/237{,}3+12)} = 610{,}5 \cdot e^{0{,}83} = \mathbf{1400\ Pa}$
- $P_{sat}(\phi_{3}) = 610{,}5 \cdot e^{(17{,}259 \cdot 18.5/237{,}3+18.5)} = 610{,}5 \cdot e^{1{,}24} = \mathbf{2057\ Pa}$
- $P_{sat}(\phi_{4}) = 610{,}5 \cdot e^{(17{,}259 \cdot 19/237{,}3+19)} = 610{,}5 \cdot e^{1{,}27} = \mathbf{2107\ Pa}$
- $P_{sat}(\phi_{si}) = 610{,}5 \cdot e^{(17{,}259 \cdot 19{,}1/237{,}3+19{,}1)} = 610{,}5 \cdot e^{1{,}28} = \mathbf{2124\ Pa}$

Por lo tanto, las distribuciones de temperatura y presión de saturación de vapor quedan de la siguiente manera:

- $\phi_{se} = 10.6$ ºC — $P_{sat}(\phi_{se}) = \mathbf{1267\ Pa}$
- $\phi_{1} = 11.2$ ºC — $P_{sat}(\phi_{1}) = \mathbf{1318\ Pa}$
- $\phi_{2} = 12$ ºC — $P_{sat}(\phi_{2}) = \mathbf{1400\ Pa}$
- $\phi_{3} = 18.5$ ºC — $P_{sat}(\phi_{3}) = \mathbf{2057\ Pa}$
- $\phi_{4} = 19$ ºC — $P_{sat}(\phi_{4}) = \mathbf{2107\ Pa}$
- $\phi_{si} = 19{,}1$ ºC — $P_{sat}(\phi_{si}) = \mathbf{2124\ Pa}$

5. Ficha justificativa del cumplimiento de la limitación de condensaciones

La ficha justificativa del cumplimiento de la limitación de condensaciones es un documento que tiene que incluirse en la memoria del proyecto correspondiente y que debe justificar el cumplimiento de los límites de condensaciones establecidos en el CTE.

A continuación se incluye el modelo de dicho documento, extraído del Documento Básico HE Ahorro de Energía del CTE:

Ficha justificativa de la opción simplificada. Condensaciones

Cerramiento, particiones interiores, puentes térmicos

	C. superficiales		C. intersticiales							
	$f_{Rsi} \geq f_{Rsmin}$		$P_n \leq P_{sat,n}$	Capa 1	Capa 2	Capa 3	Capa 4	Capa 5	Capa 6	Capa 7
	f_{Rsi}		$P_{sat,n}$							
	f_{Rsmin}		P_n							
	f_{Rsi}		$P_{sat,n}$							
	f_{Rsmin}		P_n							
	f_{Rsi}		$P_{sat,n}$							
	f_{Rsmin}		P_n							
	f_{Rsi}		$P_{sat,n}$							
	f_{Rsmin}		P_n							
	f_{Rsi}		$P_{sat,n}$							
	f_{Rsmin}		P_n							
	f_{Rsi}		$P_{sat,n}$							
	f_{Rsmin}		P_n							
	f_{Rsi}		$P_{sat,n}$							
	f_{Rsmin}		P_n							
	f_{Rsi}		$P_{sat,n}$							
	f_{Rsmin}		P_n							

6. Impacto de la humedad en el edificio

La presencia de humedad en los edificios es una patología muy importante a tener en cuenta, ya que afecta, fundamentalmente:

- Al confort de los usuarios.
- A la salud de los habitantes.
- Al estado del edificio.

Humedad en el baño de un edificio

Actividades

7. ¿Por qué cree que la presencia de humedad influye negativamente en el confort de los usuarios de una vivienda?

La humedad ejerce un impacto muy importante sobre la integridad de los materiales que constituyen el edificio. A continuación se estudiará el origen y las consecuencias de algunos de los efectos adversos más importantes que puede provocar la presencia de humedad en una edificación.

6.1. Eflorescencia

Al ser el disolvente universal, el agua diluye muchas de las sales que se encuentran en ciertos materiales que constituyen los muros, como pueden ser los áridos cerámicos; o bien la sales procedentes del terreno (que son arrastradas por el agua).

Una vez evaporada, el agua deja residuos de sales en las caras superficiales del muro donde cristalizan, originando el efecto conocido como eflorescencia.

Definición

Eflorescencia
Depósito de sales que se genera al evaporarse la humedad. Estos depósitos son manchas superficiales que forman copos o cristales y que presentan una textura similar al algodón. Si las sales son de tipo ferroso, las manchas tienen un aspecto del tipo óxido rojizo.

6.2. Criptoflorescencia

La criptoflorescencia es un fenómeno idéntico a la eflorescencia pero producido en el interior de las paredes. En estos casos, la evaporación del agua se produce en capas mas profundas, lo cual puede suponer un impacto muy grave sobre la integridad de la edificación. Esto se debe fundamentalmente a que, las sales, al cristalizar, se expanden o agrandan en el interior del muro, pudiendo provocar la separación de los materiales allí presentes.

Fenómeno de criptoflorescencia en una pared

6.3. Desagregación

La humedad en los edificios también puede provocar el efecto conocido como desagregación. Este fenómeno afecta a los morteros y hormigones y consiste en la separación física del cemento y el árido que constituyen a estos materiales. Esto provoca la destrucción paulatina del muro en cuestión.

Recuerde

El hormigón es el resultado de mezclar: un aglomerante (cemento), arena, grava (piedra machacada) y agua, aunque también se puede conseguir añadiendo grava a un mortero (mezcla de arena y agua con cemento).

6.4. Disgregación por heladicidad

La disgregación por heladicidad consiste en la congelación del agua contenida en un muro, cubierta, etc.; la cual puede encontrase en el exterior (lluvia) o en el interior en forma de vapor de agua (condensación). Al pasar al estado sólido (hielo), el agua contenida incrementa su volumen, provocando un empuje entre, por ejemplo, el muro y el revestimiento, pudiendo hacer que este último se caiga.

Heladicidad en tejas

Nota

Si la pared carece de revestimiento, igualmente se podrá separar o disgregar en el plano donde se produce el congelamiento.

6.5. Otros efectos

Se pueden señalar muchos otros efectos adversos importantes que puede provocar la presencia de humedad en un edificio. Algunos de ellos son:

- **Pérdida de aislamiento térmico.** Este fenómeno afecta negativamente al confort en el interior del edificio y se produce cuando los poros de los materiales aislantes se cubren de humedad. En estos casos, se altera el comportamiento de dichos materiales ya que pasan a tener una estructura más sólida, ofreciendo una mayor conductividad térmica y acelerando además todos los procesos de evaporación, caída de presión, condensaciones, etc.
- **Daño estético.** La humedad puede provocar importantes daños estéticos en los elementos estructurales como pueden ser: pérdida de color y brillo, aparición de moho y manchas, etc.

Presencia de humedad en una pared

- **Pérdida de resistencia y durabilidad.** Si un material está en contacto con la humedad durante un período de tiempo considerable, es probable que sus propiedades originales de resistencia y durabilidad queden mermadas más rápidamente.
- **Deformabilidad.** La presencia de humedad, alternada con incrementos bruscos de temperatura, puede provocar hinchazones y demás deformaciones permanentes en ciertos materiales constructivos.

Nota

Con la humedad el acero se oxida, aumentando su volumen.

Aplicación práctica

Dispone de un terreno edificable en una zona rural en la que existe un alto nivel de humedad durante todo el año. Si decide construir una estructura de madera en este terreno, ¿qué efectos negativos cree que puede provocar esta presencia humedad sobre su estructura?

SOLUCIÓN

Si un material está en contacto con la humedad de forma permanente, sus propiedades originales de resistencia y durabilidad pueden quedar mermadas muy rápidamente. Esto es especialmente grave en la madera, ya que la humedad puede hacer que se pudra.

Por otro lado, el calor junto con la humedad, sucesivamente alternadas, puede provocar en la madera hinchazones y contracciones que hacen que esta quede deformada permanentemente.

Continúa en página siguiente >>

<< Viene de página anterior

Humedad en una estructura de madera

7. Tipos de humedades y patologías asociadas

Principalmente existen tres tipos de humedades que suelen afectar a los edificios. Estas son: humedades por filtración, por capilaridad y por condensación.

7.1. Humedades por filtración

Las humedades por filtración son aquellas que proceden del exterior, las cuales se filtran por fallas en la impermeabilización del edificio, ya sea en tejados, cubiertas, terrazas, patios, fachadas, sótanos, etc. También se consideran humedades de filtración a aquellas procedentes de fugas de algún vecino.

Las humedades por filtración pueden provocar:

- Daños de bienes ubicados en la estancia afectada.
- Daño progresivo a la propia estructura del edificio: morteros, hormigón, armaduras, etc.
- Daños a la salud: desprendimiento de trozos de mortero, aumento de la humedad de la estancia, etc.

7.2. Humedades por capilaridad

Este tipo de humedades suelen manifestarse en la parte inferior de las paredes o en el suelo y se deben a la absorción de la humedad de este último.

Humedad por capilaridad

Este problema aparece cuando debajo o alrededor de la edificación hay agua. Esto hace que los elementos constructivos tales como muros, tabiques o suelo, empiecen a absorberla en el momento en el que entran en contacto con ella (como si se tratara esponja), ya que dichos elementos son materiales porosos.

Las consecuencias que suelen tener las humedades por capilaridad son:

- El agua absorbida que asciende a través de un muro o pared va deteriorando el material del que está constituido.
- El agua que se evapora dentro de vivienda origina diversos problemas:
    - Incrementa la humedad relativa del aire, lo cual puede provocar: condensaciones, aparición de hongos, daños en muebles, malos olores, etc.

- Al evaporarse, la humedad arrastra consigo las cales y demás materiales que hacen que la pintura de la pared o suelo (si la hay) se levante. También puede hacer que aparezcan eflorescencias.

7.3. Humedades por condensación

Este tipo de humedades son las que se producen como consecuencia de la formación de condensaciones superficiales y/o intersticiales. Los efectos negativos más importantes que suelen generar las humedades por condensación, son:

- La formación de condensaciones conlleva la aparición de hongos en las superficies interiores de la vivienda, lo cual puede suponer un grave problema para la salud, ya que vivir en una zona afectada por hongos puede facilitar a que se contraigan ciertas enfermedades de tipo respiratorio.
- El exceso de humedad en el ambiente generará daños materiales, ya que podrá deteriorar superficies y objetos tales como muebles, ropa, lámparas, etc.
- Se producirá un incremento del consumo de la calefacción, ya que el exceso de humedad provoca una sensación térmica más fría. Esto supone un problema adicional ya que a mayor temperatura, más cantidad de vapor de agua contendrá el aire, lo cual agravaría problema.

Humedad por condensación

Actividades

8. Piense en algún tipo de humedad que afecte o halla afectado alguna vez a su vivienda. ¿De qué tipo se trataba?
9. ¿Qué tipo de humedad es la que se produce como consecuencia de la rotura de una tubería de agua de un vecino?

Aplicación práctica

Está llevando a cabo un estudio de la eficiencia energética de una vivienda, cerca de la cual pasa un arroyo. En el sótano de la vivienda se aprecia una grieta en un muro de hormigón armado. ¿Podría deberse esto a un problema de humedad? Justifique su respuesta.

SOLUCIÓN

El hecho de que discurra un arroyo cerca la vivienda, incrementa la posibilidad de que se produzcan humedades por capilaridad. Cabe la posibilidad de que el muro de hormigón armado haya absorbido agua procedente del arroyo, lo que ha podido provocar que el acero de dicho muro se oxide. Al oxidarse, el acero incrementa su volumen y el hormigón, a no ser flexible, ha podido romperse como consecuencia de dicha expansión.

8. Resumen

Muchos de los problemas que afectan a los edificios tienen su origen en los efectos adversos que provoca la presencia de humedad en los mismos, ya que deteriora sus elementos constructivos y disminuye el grado de protección térmica que estos ofrecen.

En este capítulo se han estudiado diversos aspectos relacionados con la humedad en los edificios, como han sido:

- Condensaciones. Condiciones exteriores e interiores a tener en cuenta para su determinación, tipos (superficiales e intersticiales), cálculo de las mismas, límites admisibles, documentación relacionada, etc.
- Efectos perjudiciales más importantes que puede provocar la presencia de humedad en los edificios.
- Tipos de humedades más usuales y sus consecuencias negativas.

Ejercicios de repaso y autoevaluación

1. ¿En qué zonas se suelen producir las condensaciones?

____
____
____
____
____
____
____

2. ¿Qué es la humedad absoluta? ¿Y la humedad relativa?

____
____
____
____
____
____
____

3. La presión máxima que puede tener el vapor que contiene el aire, a una temperatura determinada, se denomina...

a. ... presión de vapor.
b. ... presión de saturación.
c. ... presión térmica.
d. Todas las opciones son incorrectas.

4. Complete la siguiente oración.

Según la Norma UNE-EN ISO 13788:2016, se consideran espacios de clase de ________ 3 o inferior aquellos espacios en los que no se prevea una alta producción de ________.

5. ¿Qué diferencia existe entre las condensaciones superficiales y las intersticiales?

____

____

____

____

6. En la comprobación de la limitación de condensaciones superficiales en cerramientos y puentes térmicos, el CTE exige que...

a. ... $f_{Rsi} = f_{Rsi,min.}$
b. ... $f_{Rsi} > f_{Rsi,min.}$
c. ... $f_{Rsi} < f_{Rsi,min.}$

7. ¿Qué debe calcularse, según el CTE, en cada cerramiento en el que se estudie la formación de condensaciones intersticiales?

____

____

____

____

8. Complete la siguiente oración.

La ficha justificativa del cumplimiento de la limitación de ______________ es un documento que tiene incluirse en la ______________ del proyecto correspondiente y que debe justificar el cumplimiento de los ______________ de condensaciones establecidos en el CTE.

9. Al depósito de sales que se genera superficialmente al evaporarse la humedad se denomina...

a. ... eflorescencia.
b. ... heladicidad.
c. ... criptoeflorescencia.
d. Todas las opciones son incorrectas.

10. ¿Qué es la desagregación de los morteros y hormigones?

____
____
____
____

11. ¿Por qué la humedad puede disminuir el grado de aislamiento térmico de un edificio?

____
____
____
____
____
____
____

12. Las humedades que se producen por la rotura de una tubería de un vecino se denominan...

a. ... humedades por filtración.
b. ... humedades por condensación superficial.
c. ... humedades por capilaridad.
d. ... humedades por condensación intersticial.

13. Complete la siguiente oración.

Los elementos constructivos, tales como muros y tabiques, al entrar en contacto con el agua, empiezan a ________ ya que son materiales ________.

14. ¿Qué problemas puede generar la humedad evaporada dentro de una vivienda?

____
____
____
____

15. ¿Por qué razón la formación de condensaciones conlleva un incremento en el consumo de calefacción?

Capítulo 3

Permeabilidad de los materiales en la edificación

Contenido

1. Introducción

Como ya se ha comentado anteriormente, muchos de los problemas que afectan a las construcciones tienen su origen en los efectos adversos que provoca la presencia de humedad en las mismas, ya que esta deteriora seriamente sus elementos contractivos, además de disminuir la protección térmica que ofrecen.

Por ello, es muy importante evitar que los materiales de obra entren en contacto directo con humedades, o bien, impedir que la acción del agua deteriore los elementos constitutivos de las edificaciones.

El Documento Básico HS Salubridad del CTE (CTE DB HS), en su exigencia básica HS 1, establece una serie de reglas y procedimientos que permiten limitar el riesgo previsible de presencia inadecuada de agua o humedad en el interior de los edificios y en sus cerramientos como consecuencia del agua que proviene de precipitaciones atmosféricas, de escorrentías, del terreno o de condensaciones, disponiendo medios que eviten su penetración o, en su caso, permitan su evacuación sin que se produzcan daños. A lo largo de este capítulo se estudiarán y desarrollarán muchas de estas exigencias.

2. Grado de impermeabilidad

El grado de impermeabilidad (m) es un indicador que informa acerca de la resistencia al paso del agua que ofrece un elemento constructivo. Dicha resistencia es mayor conforme más alto sea este número.

Es importante saber que los grados de impermeabilidad que presentan elementos constructivos de diferentes tipos no tienen por qué ser equivalentes.

Ejemplo

Un muro que presente un grado de impermeabilidad de 3 no tiene por qué equivaler al grado de impermeabilidad de 3 en una fachada.

El CTE establece unos valores mínimos para el grado de impermeabilidad de cada uno de los principales elementos constructivos que forman parte de los edificios. Estos son: muros, suelos, fachadas y cubiertas.

2.1. Grado de impermeabilidad de muros

El grado de impermeabilidad mínimo que se exige para los muros que están en contacto con el terreno frente a la penetración del agua del mismo y de las escorrentías viene determinado en la siguiente la tabla. Dicha valor se obtiene según el nivel presencia de agua y del coeficiente de permeabilidad del terreno (K_s):

Grado de impermeabilidad mínimo exigido a los muros

	Coeficiente de permeabilidad del terreno		
Presencia de agua	$K_s \geq 10^{-2}$ cm/s	$10^{-5} < K_s < 10^{-2}$ cm/s	$K_s \leq 10^{-5}$ cm/s
Alta	5	5	4
Media	3	2	2
Baja	1	1	1

Definición

Aguas de escorrentía

Las aguas de escorrentía son corrientes de agua que se originan cuando hay precipitaciones, las cuales caen y corren sobre: los techos de los edificios, las calles, las aceras y demás superficies impermeables.

Aguas de escorrentía

Coeficiente de permeabilidad del terreno

El coeficiente de permeabilidad del terreno informa acerca del grado de permeabilidad que este presenta y se mide según sea la velocidad de paso del agua a través de él. Se expresa en m/s o cm/s.

La presencia de agua se considera:

- **Baja:** cuando la cara inferior del suelo que está en contacto con el terreno se encuentra por encima del nivel freático.
- **Media:** cuando la cara inferior del suelo que está en contacto con el terreno se encuentra en el nivel freático o a una profundidad menor de dos metros por debajo de dicho nivel.
- **Alta:** Cuando la cara inferior del suelo que está en contacto con el terreno se encuentra a dos o más metros por debajo del nivel freático.

Definición

Nivel freático

El nivel freático es el nivel donde se encuentra almacenada, en un acuífero, el agua subterránea.

Actividades

1. Un muro A presenta un grado de impermeabilidad de 2, mientras que en un muro B dicho grado tiene un valor de 3. ¿Cuál de los dos elementos ofrecerá una mayor resistencia frente al paso del agua?
2. Si la presencia de agua en un terreno se considera media y, su coeficiente de permeabilidad tiene un valor de 0,00001 cm/s, ¿qué grado de impermeabilidad mínimo debería tener según el CTE?

2.2. Grado de impermeabilidad de suelos

El grado de impermeabilidad mínimo que se exige para los suelos que están en contacto con el terreno frente a la penetración del agua del mismo y de las escorrentías viene determinado en la siguiente la tabla. Como en el caso anterior, dicho valor se obtiene según el nivel presencia de agua y del coeficiente de permeabilidad del terreno (K_s):

Grado de impermeabilidad mínimo exigido a los suelos

	Coeficiente de permeabilidad del terreno	
Presencia de agua	$K_s \geq 10^{-5}$ cm/s	$K_s \leq 10^{-5}$ cm/s
Alta	5	4
Media	4	3
Baja	2	1

3. ¿Puede tener un suelo que está en contacto con el terreno un grado de impermeabilidad de 1? ¿En qué casos?

2.3. Grado de impermeabilidad de fachadas. Determinación del grado de exposición al viento y zona pluviométrica de promedios

El grado de impermeabilidad mínimo que se exige en las fachadas frente a la penetración de las precipitaciones se obtiene en la siguiente tabla. Dicha tabla relaciona el grado de impermeabilidad de la fachada con la zona pluviométrica de promedios y con el grado de exposición al viento.

Grado de impermeabilidad mínimo exigido a las fachadas						
		Zona pluviométrica de promedios				
		I	II	III	IV	V
Grado de exposición al viento	VI	5	5	4	3	2
	V2	5	4	3	3	2
	V3	5	4	3	2	1

La **zona pluviométrica de promedios** se determina en la siguiente figura:

Zonas pluviométricas de promedios en función del índice pluviométrico anual

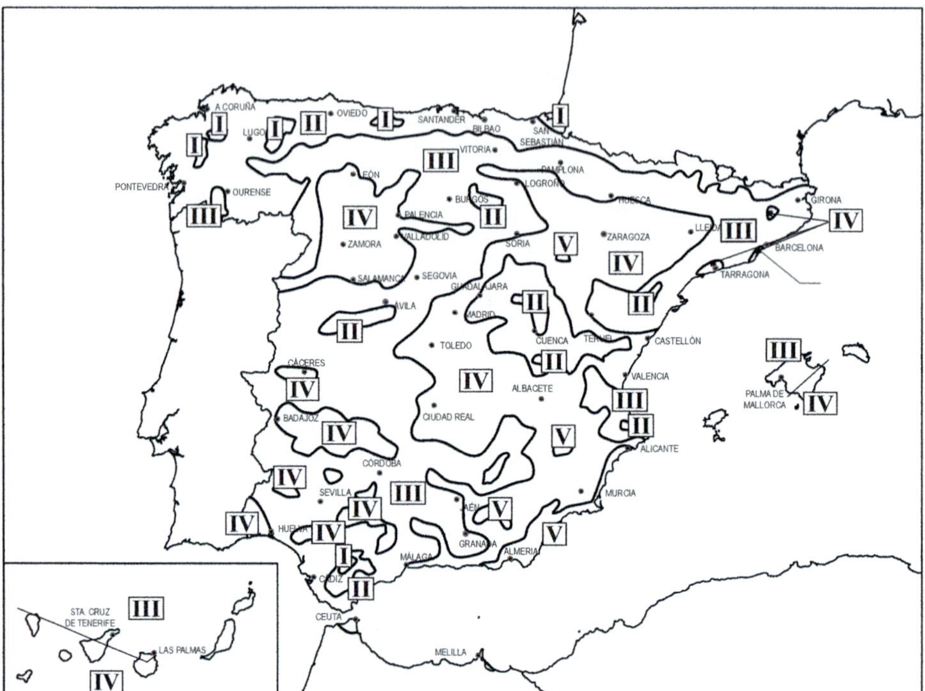

Por otro lado, el **grado de exposición al viento** se obtiene en la siguiente tabla, la cual relaciona dicho grado con:

- La altura de coronación del edificio.
- La zona eólica del lugar donde se ubique del edificio.
- La clase de entorno donde se sitúe el edificio.

Grado de exposición al viento							
		Clase del entorno del edificio					
		E1			E0		
		Zona eólica			Zona eólica		
		A	B	C	A	B	C
Altura del edificio en m	≤ 15	V3	V3	V3	V2	V2	V2
	16 - 40	V3	V2	V2	V2	V2	V1
	41 - 100 (1)	V2	V2	V2	V1	V1	V1

(1) Para edificios de más de 100 m de altura y para aquellos que están próximos a un desnivel muy pronunciado, el grado de exposición al viento debe ser estudiada según lo dispuesto en el DB-SE-AE.

La **altura de coronación** es la altura máxima que alcanza el edificio. Por lo general, para determinar esta altura se tienen en cuenta salientes tales como chimeneas, casetones, etc.

Recuerde

El CTE establece unos valores mínimos de impermeabilidad para las fachadas de los edificios. El grado exigido dependerá de la zona pluviométrica de promedios y del grado de exposición al viento.

La **zona eólica** correspondiente al punto de ubicación se determina en la siguiente figura:

Zonas eólicas

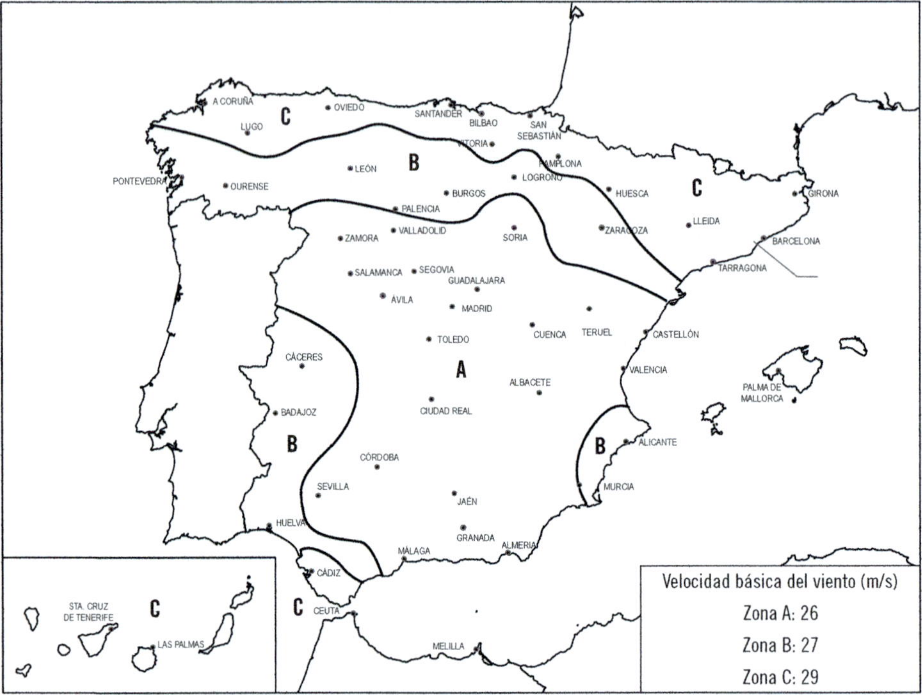

La **clase de entorno** en el que está ubicado el edificio será:

- **E0** cuando se trate de un terreno de:
  - **Tipo I:** borde del mar o de un lago con una zona despejada de agua en la dirección del viento de una extensión mínima de 5 km.
  - **Tipo II:** terreno rural llano sin obstáculos ni arbolado de importancia.
  - **Tipo III:** zona rural accidentada o llana con algunos obstáculos aislados tales como árboles o construcciones pequeñas.

- **E1** cuando se trate de un terreno de:
  - **Tipo IV:** zona urbana, industrial o forestal.
  - **Tipo V:** centros de negocio de grandes ciudades, con profusión de edificios en altura.

Actividades

4. Determine la zona pluviométrica y eólica de su localidad.
5. ¿En qué clase de entorno está ubicada su vivienda?

Aplicación práctica

Está realizando el estudio de la eficiencia energética de un edificio que tiene las siguientes características:

- Ubicado en Zaragoza (capital).
- Construido en una zona urbana.
- Altura de coronación: 25 m.

Determine el grado de impermeabilidad mínimo que el CTE exige para las fachadas de este edificio.

Edificio

Solución

Para determinar el grado de impermeabilidad mínimo de las fachadas de un edificio es necesario conocer la zona pluviométrica de promedios y el grado de exposición al viento que correspondan.

La **zona pluviométrica** de promedios se determina según lo indicado en el mapa correspondiente del CTE. Al ubicarse el edificio en Zaragoza (capital), la zona pluviométrica de promedios es la **IV.**

Para conocer el **grado de exposición al viento** del edificio, se hace necesario identificar:

- La **altura de coronación** del edificio: **25 m.**
- La **zona eólica** de la ubicación del edificio. Según el mapa correspondiente, el edificio se encuentra en la zona **B.**
- La **clase de entorno** donde se encuentra el edificio. Al ser una zona urbana (tipo IV), el entorno corresponde al **E1.**

Con estos datos ya es posible determinar el grado de exposición al viento. Consultando la tabla correspondiente, se observa que dicho grado es **V2:**

Grado de exposición al viento							
		Clase del entorno del edificio					
		E1			E0		
		Zona eólica			Zona eólica		
		A	B	C	A	B	C
Altura del edificio en m	≤ 15	V3	V3	V3	V2	V2	V2
	16 - 40	V3	V2	V2	V2	V2	V1
	41 - 100 (1)	V2	V2	V2	V1	V1	V1

(1) Para edificios de más de 100 m de altura y para aquellos que están próximos a un desnivel muy pronunciado, el grado de exposición al viento debe ser estudiada según lo dispuesto en el DB-SE-AE.

Una vez que se tiene la zona pluviométrica y de promedios (IV) y el grado de exposición al viento (V2) ya es posible determinar el grado de impermeabilidad mínimo que el CTE exige para las fachadas de este edificio, según la tabla correspondiente incluida en el Documento Básico HS Salubridad:

		Zona pluviométrica de promedios				
		I	II	III	IV	V
Grado de exposición al viento	V1	5	5	4	3	2
	V2	5	4	3	3	2
	V3	5	4	3	2	1

El grado de impermeabilidad mínimo para este caso es **3.**

2.4. Grado de impermeabilidad de cubiertas

A diferencia de los demás elementos constructivos tales como fachadas, suelos y muros, el grado de impermeabilidad mínimo que se exige en las cubiertas es único e independiente de los factores climáticos. Cualquiera de las condiciones de las soluciones constructivas expuestas en el CTE para las cubiertas (ver más adelante) cumplen con el grado de impermeabilidad mínimo exigido para las mismas.

Las cubiertas son los elementos constructivos que más "sufren" a causa de las condiciones climáticas adversas.

Recuerde

Las cubiertas de los edificios son elementos que constituyen en cierre superior de los mismos y deben cumplir las siguientes funciones principales:

- Cerramiento de la parte superior de la estructura.
- Proporcionar estabilidad estructural frente a vientos, seísmos, etc.
- Estanqueidad.
- Aislante térmico y acústico.
- Etc.

3. Condiciones de las soluciones constructivas de muros

El Documento Básico HS Salubridad del CTE establece las condiciones que se exige a cada solución constructiva de muros según sea la tipología, el tipo de impermeabilidad y el grado de impermeabilidad de los mismos.

3.1. Soluciones aceptadas

A continuación se muestra la tabla (extraída del CTE) en la que se establecen las condiciones de las soluciones constructivas de muros. Las casillas que están sombreadas se refieren a aquellas soluciones que no se consideran aceptables. Por otro lado, las casillas en blanco se refieren a soluciones a las que no se les exige condición alguna para los grados de impermeabilidad correspondientes a dichas soluciones.

CONDICIONES DE LAS SOLUCIONES DE MURO

	Muro de gravedad			Muro flexorresistente			Muro pantalla		
Grado de impermeabilidad	Imp. interior	Imp. exterior	Parcialm. estanco	Imp. interior	Imp. exterior	Parcialm. estanco	Imp. interior	Imp. exterior	Parcialm. estanco
≤ 1	I2 + D1 + D5	I2 + I3 + D1 + D5	V1	C1 + I2 + D1 + D5	I2 + I3 + D1 + D5	V1	C2 + I2 + D1 + D5	C2 + I2 + D1 + D5	
≤ 2	C3 + I1 + D1 + D3	I1 + I3 + D1 + D3	D4 + V1	C1 + C3 + I1 + D1 + D3	I1 + I3+ D1 + D3	D4 + V1	C1 + C2 + I1	C2 + I1	D4 + V1
≤ 3	C3 + I1 + D1 + D3	I1 + I3 + D1 + D3	D4 + V1	C1 + C3 + I1 + D1 + D3	I1 + I3 + D1 + D3	D4 + V1	C1 + C2 + I1	C2 + I1	D4 + V1
≤ 4		I1 + I3 + D1 + D3	D4 + V1		I1 + I3 + D1 + D3	D4 + V1	C1 + C2 + I1	C2 + I1	D4 + V1
≤ 5		I1 + I3 + D1 + D3	D4 + V1		I1 + I3 + D1 + D2 + D3	D4 + V1	C1 + C2 + I1	C2 + I1	D4 + V1

A continuación se explicará en qué consiste cada uno de los códigos alfanuméricos que aparecen en las soluciones constructivas de la tabla anterior:

- **C)** Constitución del muro:
  - **C1.** Cuando el muro se construya in situ debe utilizarse hormigón hidrófugo.
    Definición de materiales hidrófugos. Son materiales que se utilizan para evitar la penetración o paso de agua a través de un elemento, por lo tanto, son materiales que presentan un alto grado de impermeabilidad.
    Se conoce como hidrófugo de masa aquel material que se incorpora en el mortero u hormigón cuando es amasado.
  - **C2.** Cuando el muro se construya in situ debe utilizarse hormigón de consistencia fluida.

- **C3.** Cuando el muro sea de fábrica deben utilizarse bloques o ladrillos hidrofugados y mortero hidrófugo.

- **I)** Impermeabilización:

  - **I1.** La impermeabilización debe efectuarse mediante la colocación, en el muro correspondiente, de una lámina impermeabilizante, o la aplicación directa *in situ* de productos líquidos, tales como polímeros acrílicos, caucho acrílico, resinas sintéticas o poliéster. En los muros pantalla que se han construido con excavación, la impermeabilización se logra gracias a la utilización de lodos bentoníticos.
    Definición de lodos bentoníticos. El lodo bentonítico, también conocido como lodo de perforación, es una mezcla de agua con bentonita (un tipo de arcilla de alta densidad). Este material es muy utilizado en la construcción, especialmente en las excavaciones.
    Si la impermeabilización se realiza interiormente con lámina, esta debe ser adherida.
    En el caso en el que se impermeabilice exteriormente con lámina, cuando esta sea adherida debe colocarse una capa antipunzonamiento en su cara exterior y, cuando esta no sea adherida debe colocarse una capa antipunzonamiento en cada una de sus caras. En sendos casos, si se utiliza una lámina drenante puede suprimirse la capa antipunzonamiento exterior. Definición: Capa antipunzonamiento. Capa separadora que se intercala entre dos capas que están sometidas a presión y se utiliza para proteger a la que sea menos resistente, evitando así su rotura.
    Si se impermeabiliza mediante aplicaciones líquidas debe colocarse una capa protectora en su cara exterior, excepto en el caso en el que se coloque una lámina drenante que esté contacto directo con la impermeabilización. La capa protectora puede estar constituida por un geotextil o bien, por mortero reforzado con una armadura.
  - **I2.** La impermeabilización debe efectuarse con la aplicación de una pintura impermeabilizante o según lo establecido en I1. En muros pantalla que se han construido con excavación, la impermeabilización se consigue mediante la utilización de lodos bentoníticos.
  - **I3.** Cuando el muro provenga de fábrica debe recubrirse por su cara interior con un revestimiento hidrófugo, tal como una capa de mor-

tero hidrófugo sin revestir, una hoja de cartón-yeso sin yeso higroscópico u otro material no higroscópico.
Definición de material higroscópico. Los materiales higroscópicos son aquellos que son capaces de absorber la humedad del aire.

- **D)** Drenaje y evacuación:

  - **D1.** Debe colocarse una capa drenante y una capa filtrante entre el muro y el terreno o, cuando existe una capa de impermeabilización, entre esta y el terreno. La capa drenante puede estar constituida por una lámina drenante, grava, una fábrica de bloques de arcilla porosos u otro material que produzca el mismo efecto.
    Cuando la capa drenante sea una lámina, el remate superior de la lámina debe protegerse de la entrada de agua que provenga de precipitaciones y escorrentías.
  - **D2.** En la proximidad del muro debe disponerse de un pozo drenante cada 50 m como máximo.
    El pozo debe tener un diámetro interior igual o superior a 0,7 m y debe tener una capa filtrante que impida el arrastre de finos y dos bombas de achique que evacuen el agua a la red de saneamiento o a cualquier sistema de recogida para su posterior reutilización.
  - **D3.** Debe colocarse en el arranque del muro un tubo drenante que esté conectado a la red de saneamiento o a cualquier sistema de recogida para su posterior reutilización y, cuando dicha conexión esté situada por encima de la red de drenaje, debe tener al menos una cámara de bombeo con dos bombas de achique.
  - **D4.** Deben construirse canaletas de recogida de agua en la cámara del muro, las cuales deben estar conectadas a la red de saneamiento o a cualquier sistema de recogida para su posterior reutilización y, cuando dicha conexión se encuentre situada por encima de las canaletas, debe tener al menos una cámara de bombeo con dos bombas de achique.
  - **D5.** Debe disponerse de una red de evacuación del agua de lluvia en las zonas de la cubierta y del terreno que puedan afectar al muro. Dicha red de evacuación debe conectarse a la red de saneamiento o a cualquier sistema de recogida para su posterior reutilización.

- **V)** Ventilación de la cámara:

  - **V1.** Deben disponerse aberturas de ventilación en el arranque y la coronación de la hoja interior. También debe ventilarse el local al que se abren las aberturas con un caudal de, al menos, 0,7 l/s por cada m^2 de superficie útil del mismo.
    Las aberturas de ventilación deben repartirse al 50% entre la parte inferior y la coronación de la hoja interior junto al techo, distribuidas regularmente y dispuestas al tresbolillo. La relación entre el área efectiva total de las aberturas (S_s, en cm^2), y la superficie de la hoja interior (A_h, en m^2) debe cumplir la siguiente condición:
    La distancia entre aberturas de ventilación contiguas no debe ser superior a 5 m.

$$30 > (S_s/A_h) > 10$$

Definición

Disposición al tresbolillo

Es una forma colocar objetos en filas paralelas, de manera que cada objeto corresponda al centro de los huecos de la fila contigua, formando triángulos equiláteros (lados iguales).

Croquis de distribución al tresbolillo

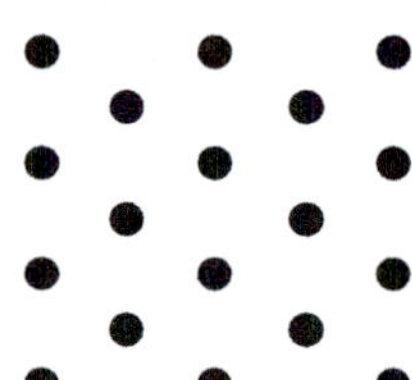

Actividades

6. ¿Qué condiciones constructivas deben cumplir los muros pantalla con impermeabilidad interior que presenten un grado de impermeabilidad menor o igual que 3?
7. Realice un esquema donde indique las condiciones que deben cumplir los muros de gravedad cuando el grado de impermeabilidad exigido es 5.
8. ¿En qué soluciones constructivas de muros se hace necesario disponer una capa drenante y otra filtrante entre estos y el suelo?

Aplicación práctica

En el análisis de la eficiencia energética de los materiales de una edificación desea conocer las condiciones que debe cumplir un muro que tiene las siguientes características:

- **Tipo: gravedad.**
- **Tipo de impermeabilidad: interior.**
- **Grado de impermeabilidad: 1**
- **Construido con excavación, existiendo una capa de impermeable entre el muro y el terreno.**

Indique las condiciones de permeabilidad que el CTE exige para esta solución constructiva.

Croquis de un muro de gravedad

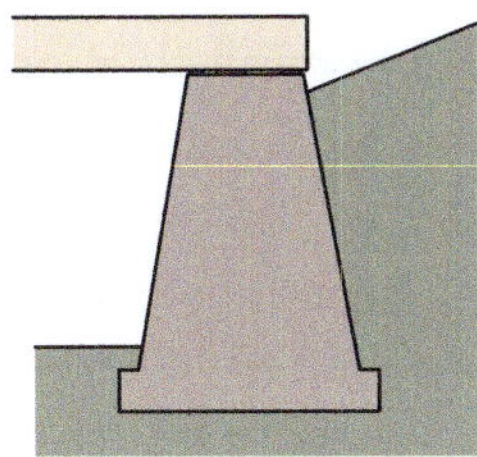

Continúa en página siguiente >>

<< Viene de página anterior

SOLUCIÓN

Según la tabla correspondiente (condiciones de las soluciones de muro), el CTE exige las siguientes condiciones para este caso: I2, D1, D5. Estas condiciones establecen que:

- La impermeabilización debe efectuarse con la utilización de lodos bentoníticos (I2).
- Debe colocarse una capa drenante y una capa filtrante entre la capa de impermeabilización y el terreno. La capa drenante puede estar constituida por una lámina drenante, grava, una fábrica de bloques de arcilla porosos u otro material que produzca el mismo efecto. Cuando la capa drenante sea una lámina, el remate superior de la lámina debe protegerse de la entrada de agua que provenga de precipitaciones y escorrentías (D1).
- Debe disponerse de una red de evacuación del agua de lluvia en las zonas de la cubierta y del terreno que puedan afectar al muro. Dicha red de evacuación debe conectarse a la red de saneamiento o a cualquier sistema de recogida para su posterior reutilización (D5).

3.2. Encuentros con fachadas

En los encuentros de muros con fachadas, el CTE exige:

1. Cuando el muro se impermeabilice por el interior, en los arranques de la fachada sobre el mismo, el impermeabilizante debe prolongarse sobre el muro en todo su espesor a más de 15 cm por encima del nivel del suelo exterior sobre una banda de refuerzo que sea del mismo material que la barrera impermeable utilizada y que debe prolongarse hacia abajo al menos 20 cm a lo largo del paramento del muro. Sobre la barrera impermeable debe colocarse una capa de mortero de regulación de 2 cm de espesor como mínimo.
2. En el mismo caso cuando el muro se impermeabilice con lámina, debe disponerse, entre el impermeabilizante y la capa de mortero, una banda de terminación adherida que sea del mismo material que la banda de refuerzo, y debe prolongarse verticalmente a lo largo del paramento del muro hasta, al menos, 10 cm por debajo del borde inferior de la banda de refuerzo (ver la siguiente figura):

Ejemplo de encuentro de un muro impermeabilizado por el interior con lámina con una fachada (imagen extraída del CTE)

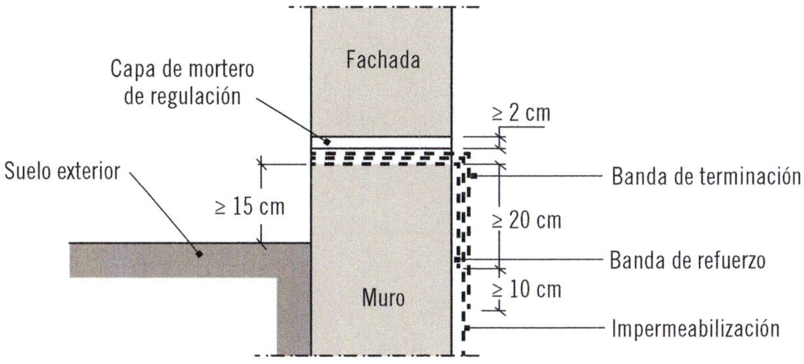

3. Cuando el muro se impermeabilice por el exterior, en los arranques de las fachadas sobre el mismo, el impermeabilizante debe prolongarse más de 15 cm por encima del nivel del suelo exterior y el remate superior del impermeabilizante debe realizarse según lo descrito en el apartado 2.4.4.1.2 (del CTE DB HS: Encuentro de la cubierta con un paramento vertical) o disponiendo un zócalo según lo descrito en el apartado 2.3.3.2 (del CTE DB HS: Arranque de la fachada desde la cimentación).
4. Deben respetarse las condiciones de disposición de bandas de refuerzo y de terminación así como las de continuidad o discontinuidad, que correspondan al sistema de impermeabilización que se utilice.

3.3. Encuentros con cubiertas enterradas

Respecto al encuentro de los muros con cubiertas enterradas, el CTE exige que, cuando el muro se impermeabilice por el exterior, el impermeabilizante del muro debe soldarse o unirse al de la cubierta.

Recuerde

Las cubiertas enterradas son cerramientos superiores que están en contacto con el terreno que las cubre. Esto hace que la humedad del terreno sea un factor a muy importante a tener en cuenta, ya que este elemento estructural estará permanentemente expuesto a ella.

3.4. Encuentros con particiones interiores

Respecto al encuentro de muros con particiones interiores, el CTE establece que, cuando el muro se impermeabilice interiormente, las particiones se deben construir una vez realizada la impermeabilización y, entre el muro y cada partición, se colocará una junta sellada con material elástico que debe ser compatible con el material impermeabilizante cuando vaya a estar en contacto con él.

Recuerde

Las particiones interiores son las paredes o tabiques de los edificios. Son divisiones artesanales que constituyen la separación de los diferentes espacios internos existentes en las edificaciones.

3.5. Juntas de dilatación

El Documento Básico SE: Seguridad estructural del CTE, en su apartado 6.3.3.1.2, obliga a que los muros dispongan de juntas de dilatación que absorban las deformaciones debidas a la temperatura y, en su caso, las de retracción.

Junta de dilatación

A efectos de la impermeabilidad, las juntas y los productos para el relleno de estas deberán cumplir las siguientes especificaciones:

1. En las juntas verticales de los muros de hormigón prefabricado o de fábrica impermeabilizados con lámina deben disponerse los siguientes elementos (recuerde: El hormigón prefabricado es un tipo de hormigón que ha sido elaborado en una planta de producción fija. Una vez que han sido fabricadas y testeadas, la piezas de hormigón prefabricado se almacenan hasta que son entregadas a la obra correspondiente):

   a. Cuando la junta sea estructural, se dispondrá de un cordón de relleno que sea compresible y químicamente compatible con la impermeabilización.
   b. La junta se sellará con una masilla elástica.
   c. Se aplicará pintura de imprimación en la superficie del muro extendida en una anchura de, al menos, 25 cm centrada en la junta.
   d. Se dispondrá de una banda de refuerzo que sea del mismo material que el impermeabilizante con una armadura de fibra de poliéster y de una anchura de, al menos, 30 cm centrada en la junta.
   e. El impermeabilizante del muro se dispondrá hasta el borde de la junta.
   f. Se colocará una banda de terminación de, al menos, 45 cm de ancho centrada en la junta y que sea del mismo material que la de refuerzo y que esté adherida a la lámina.

Ejemplo de junta estructural (imagen extraída del CTE)

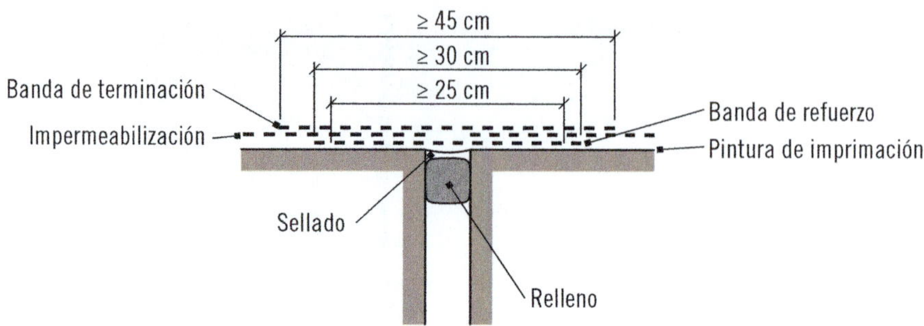

2. En las juntas verticales de los muros de hormigón prefabricado o de fábrica que estén impermeabilizados con productos líquidos, se deberán disponer los siguientes elementos:

   a. Cuando la junta sea estructural, se dispondrá de un cordón de relleno que sea compresible y químicamente compatible con la impermeabilización.
   b. La junta se sellará con una masilla elástica.
   c. La impermeabilización del muro se colocará hasta el borde de la junta;
   d. Se dispondrá de una banda de refuerzo que tenga una anchura de, al menos, 30 cm como mínimo centrada en la junta y que sea del mismo material que el impermeabilizante con una armadura de fibra de poliéster o una banda de lámina impermeable.

3. En el caso de muros hormigonados in situ, independientemente de que estén impermeabilizados con lámina o con productos líquidos, para la impermeabilización de las juntas verticales y horizontales, debe disponerse una banda elástica embebida en los dos testeros de ambos lados de la junta.
4. Las juntas horizontales de los muros de hormigón prefabricado se deben sellar con mortero hidrófugo de baja retracción o con un sellante a base de poliuretano.

9. ¿Qué efectos negativos crees que puede provocar un defecto en el aislamiento de las juntas de dilatación de un muro?

4. Condiciones de las soluciones constructivas de suelos

El DB HS del CTE también establece las condiciones que se exige a cada solución constructiva de suelos según sea:

- El tipo de muro (gravedad, flexorresistente y pantalla).
- El tipo de suelo, que puede ser:
    - **Suelo elevado:** suelo que está en la base del edificio en el que la relación entre la suma de la superficie de contacto con el terreno y la de apoyo, y la superficie del suelo es menor que 1/7.
    - **Solera:** capa gruesa de hormigón que está apoyada sobre el terreno, la cual se dispone como pavimento o como base para un solado.
    - **Placa:** solera armada para soportar mayores esfuerzos de flexión como consecuencia, entre otros, del empuje vertical del agua freática.
- El tipo de intervención en el terreno, que puede ser:
    - **Sub-base:** capa de bentonita de sodio sobre hormigón de limpieza dispuesta bajo del suelo.
    - **Inyecciones:** técnica de recalce que consiste en reforzar o consolidar un terreno de cimentación mediante la introducción, en el mismo, de un mortero de cemento fluido a presión. Esto se hace con el fin de que se rellenen los huecos existentes.
    - **Sin intervención:** no se aplica intervención al terreno.
- El grado de impermeabilidad.

4.1. Soluciones aceptadas

A continuación se muestra las tablas (extraídas del CTE) en la que se establecen las condiciones de las soluciones constructivas de suelos. Las casillas sombreadas y en blanco tienen el mismo significado que las de la tabla del apartado anterior.

Condiciones de las soluciones de suelo (muro flexoresistente o de gravedad)

		Suelo elevado			Solera			Placa		
		Sub-base	Inyecciones	Sin intervención	Sub-base	Inyecciones	Sin intervención	Sub-base	Inyecciones	Sin intervención
Grado de impermeabilidad	≤ 1			V1		D1			D1	
	≤ 2	C2		V1	C2 + C3	C2 + C3 + D1	C2 + C3 + D1	C2 + C3	C2 + C3 + D1	C2 + C3 + D1
	≤ 3	I2 + S1 + S3 +V1	I2 + S1 + S3 + V1	I2 + S1 +S3 + V1 + D3 + D4	C1 + C2 + C3 + I2 + D1 + D2 + S1 + S2 + S3	C1 + C2 + C3 + I2 + D1 + D2 + S1 + S2 + S3	C2 + C3 + I2 + D1 + D2 + C1+ S1 + S2 + S3	C2 + C3 + I2 + D1 + D2 + C1+ S1 + S2 + S3	C1 + C2 + C3 + I2 + D1 + D2 + S1 + S2 + S3	C1 + C2 + I2 + D1 + D2 + S1 + S2 + S3
	≤ 4	I2 + S1 + S3 + V1	I2 + S1 + S3 + V1 + D4		C2 + C3 + I2 + D1 + D2 + S1 + S2 + S3	C2 + C3 + I2 + D1 + D2 + P2 + S1 + S2 + S3	C1 + C2 + C3 + I1 + I2+ D1 + D2 + D3 + D4 + P1 +P2 + S1 + S2 + S3	C2 + C3 + I2 + D1 + D2 + P2+ S1 + S2 + S3	C2 + C3 + I2 + D1 + D2 + P2+ S1 + S2 + S3	C1 + C2 + C3 + D1 + D2 +D3 +D4 + I1 + I2 + P1 + P2+ S1 + S2 + S3
	≤ 5	I2 + S1 + S3 + V1 + D3	I2 + P1 + S1 + S3 + V1 + D3		C2 + C3 + I2 + D1 + D2 + S1 + S2 + S3	C2 + C3 + I1 + I2+ D1 + D2 + P1 +P2 + S1 + S2 + S3		C2 + C3 + D1 + D2 + I2 + P2+ S1 + S2 + S3	C2 + C3 + I1 + I2 + D1 + D2 + P1 + P2+ S1 + S2 + S3	C1 + C2 + C3 + I1 + I2 + D1 + D2 +D3 +D4 + P1 + P2+ S1 + S2 + S3

Condiciones de las soluciones de suelo (muro pantalla)

		Suelo elevado			Solera			Placa		
		Sub-base	Inyecciones	Sin intervención	Sub-base	Inyecciones	Sin intervención	Sub-base	Inyecciones	Sin intervención
Grado de impermeabilidad	≤ 1			V1		D1	C2 + C3 + D1			C2 + C3 + D1
	≤ 2			V1	C2 + C3	C2 + C3 + D1	C2 + C3 + D1	C2 + C3	C2 + C3 + D1	C2 + C3 + D1
	≤ 3	S3 + V1	S3 + V1	S3 + V1	C1 + C2 + C3 + D1 + P2 + S2 + S3	C1 + C2 + C3 + D1 + P2 + S2 + S3	C1 + C2 + C3 + D1 + D4 + P2 + S2 + S3	C1 + C2 + C3 + D1 + D2 + D4 + P2 + S2 + S3	C1 + C2 + C3 + D1 + D2 + P2 + S2 + S3	C1 + C2 + C3 + D1 + D2 + D3 +D4 + P2 + S2 + S3
	≤ 4	S3 + V1	D4 + S3+ V1	D3 + D4 + S3+ V1	C2 + C3 + D1 + S2 + S3	C2 + C3 + D1 + S2 + S3	C1 + C3 I1 + D2+ D3 + P1 + S2 + S3	C2 + C3 + S2 + S3	C2 + C3 +D1 +D2 +S2 + S3	C1 + C2 + C3 + I1 + D1 + D2 + D3 +D4 + P1 + S2 + S3
	≤ 5	S3 + V1	D3 + D4 + S3+ V1		C2 + C3 + D1 + P2 + S2 + S3	C2 + C3 + D1 + P2 + S2 + S3	C1 + C2 + C3 + I1+ D1 + D2 + D3 + D4+ P1+ P2+ S2+ S3	C2 + C3 + P2 +S2 + S3	C2 + C3 +D1 +D2 + P2 +S2 + S3	C1 + C2 + C3 + I1 + D1 + D2 + D3 +D4 + P1 + P2 + S2 + S3

A continuación se explicará el significado de cada uno de los códigos de las tablas anteriores:

- **C)** Constitución del suelo:
  - **C1.** Cuando el suelo se construya in situ debe utilizarse hormigón hidrófugo de elevada compacidad.

Definición de hormigón de elevada compacidad: hormigón que tiene un índice de huecos muy pequeño en su granulometría.

- **C2.** Cuando el suelo se construya in situ debe utilizarse hormigón de retracción moderada.
  Definición de hormigón de retracción moderada: hormigón cuyo volumen sufre poca reducción en el proceso físico-químico del fraguado, endurecimiento o desecación.
- **C3.** Debe realizarse una hidrofugación complementaria mediante la aplicación de un producto líquido colmatador de poros sobre la superficie terminada del suelo.

- **I)** Impermeabilización:

  - **I1.** Debe impermeabilizarse el suelo externamente mediante la disposición de una lámina sobre la capa base de regulación del terreno.
    Definición de capa de regulación: capa que se dispone sobre la capa drenante o sobre el terreno con el fin de eliminar las posibles irregularidades y desniveles y así recibir de forma homogénea el hormigón de la solera o la placa.
    Si la lámina es adherida debe disponerse, sobre esta, una capa antipunzonamiento. En caso de no adherida, esta debe protegerse por las dos caras con sendas capas antipunzonamiento.
    Cuando el suelo sea una placa, la lámina debe ser doble.
  - **I2.** Debe impermeabilizarse, mediante la disposición sobre la capa de hormigón de limpieza de una lámina, la base de la zapata cuando se trate de un muro flexorresistente y la base del muro cuando sea un muro por gravedad.
    Si la lámina es adherida debe disponerse una capa antipunzonamiento sobre la misma.
    Si la lámina es no adherida, esta debe protegerse por las dos caras con capas antipunzonamiento.
    Deben sellarse los encuentros de la lámina de impermeabilización del suelo con la de la base del muro o zapata.

Definición

Hormigón de limpieza

Es un tipo de hormigón que se utiliza en las cimentaciones para:

- Mantener limpia la superficie de hormigonado, evitando así que se mezcle con el terreno.
- Garantizar que la superficie de apoyo de la cimentación sea homogénea.
- Establecer una superficie homogénea y nivelada que sea más horizontal y uniforme que la que resulta de la excavación.

Vertido de hormigón de limpieza

- **D)** Drenaje y evacuación:
  - **D1.** Debe disponerse una capa drenante y una capa filtrante sobre el terreno que está situado bajo el suelo. En el caso de que se utilice un encachado como capa drenante, debe disponerse una lámina de polietileno sobre ella.

    Definición de encachado: un encachado es una capa de grava de diámetro considerable que sirve de base a una solera apoyada en el terreno. El encachado se dispone para dificultar la ascensión del agua del terreno hasta la solera.

- **D2.** Deben colocarse tubos drenantes, conectados a la red de saneamiento o a cualquier sistema de recogida para su reutilización posterior, en el terreno situado bajo el suelo y, cuando dicha conexión esté situada por encima de la red de drenaje, al menos una cámara de bombeo con dos bombas de achique.
- **D3.** Deben colocarse tubos drenantes, conectados a la red de saneamiento o a cualquier sistema de recogida para su reutilización posterior, en la base del muro y, cuando dicha conexión esté situada por encima de la red de drenaje, al menos una cámara de bombeo con dos bombas de achique.
  En el caso de los muros pantalla, los tubos drenantes se colocarán a un metro por debajo del suelo y repartidos uniformemente junto al muro.
- **D4.** Debe disponerse un pozo drenante por cada 800 m^2 en el terreno situado bajo el suelo. El diámetro interior del pozo debe ser de, al menos, 70 cm. El pozo debe disponer de una envolvente filtrante que sea capaz de impedir el arrastre de finos del terreno. Deben disponerse dos bombas de achique, una conexión para la evacuación a la red de saneamiento o a cualquier sistema de recogida para su reutilización posterior y un dispositivo automático para que el achique sea permanente.

- **P)** Tratamiento perimétrico:

  - **P1.** La superficie del terreno en el perímetro del muro debe tratarse con el fin de limitar el aporte de agua superficial al terreno mediante la disposición de una acera, una zanja drenante o cualquier otro elemento que produzca el mismo efecto.
  - **P2.** El borde de la placa o de la solera debe encastrase en el muro.

- **S)** Sellado de juntas:

  - **S1.** Los encuentros de las láminas de impermeabilización del muro deben sellarse con las del suelo y con las dispuestas en la base inferior de las cimentaciones que estén en contacto con el muro.
  - **S2.** Deben sellarse todas las juntas del suelo con banda de PVC o con perfiles de caucho expansivo o de bentonita de sodio.

- **S3.** Deben sellarse los encuentros entre el suelo y el muro con banda de PVC o con perfiles de caucho expansivo o de bentonita de sodio, según lo establecido en el apartado 2.2.3.1 **("encuentros de suelos con muros").**

Sabía que...

Las excepcionales cualidades del PVC, unido a su buena relación calidad/precio y su gran versatilidad, hacen que sea el plástico más consumido en España.

- **V)** Ventilación de la cámara:

  - **V1.** El espacio que hay entre el suelo elevado y el terreno debe ventilarse hacia el exterior mediante aberturas de ventilación repartidas al 50% entre dos paredes enfrentadas, dispuestas regularmente y al tresbolillo. La relación entre el área efectiva total de las aberturas (S_s, en cm^2) y la superficie del suelo elevado, (A_s, en m^2) debe cumplir la condición:

$$30 > (S_s/A_s) > 10$$

La distancia existente entre aberturas de ventilación que sean contiguas no debe ser superior a 5 m.

Actividades

10. Realice un esquema donde refleje todas las condiciones que deben cumplir los muros pantalla situados en terrenos sin intervención.
11. ¿En qué soluciones constructivas de suelos se hace necesario, según el CTE, que el suelo esté constituido de hormigón hidrófugo de elevada compacidad?

4.2. Encuentros con muros y con particiones interiores

En las soluciones constructivas de suelos establecidas al principio del presente apartado (tablas), el CTE exige que el encuentro muro-suelo se realice de la siguiente manera:

- Cuando el suelo y el muro sean hormigonados in situ, exceptuando a los muros pantalla, la junta entre ambos debe sellarse con una banda elástica que esté embebida en la masa del hormigón a ambos lados de la junta.
  Cuando el muro sea un muro pantalla hormigonado in situ, el suelo debe encastrarse y sellarse en el intradós
  Definición de intradós: el CTE se refiere al intradós del muro como a su superficie interior) del muro de la siguiente manera (ver la siguiente imagen):

  a. Debe abrirse una roza (hueco) horizontal en el intradós del muro de, como mucho, 3 cm de profundidad que dé cabida al suelo más 3 cm de anchura como mínimo.
  b. Debe hormigonarse el suelo macizando la roza excepto su borde superior, el cual debe sellarse con un perfil expansivo.

- Cuando el muro sea prefabricado, la junta conformada se sellará con un perfil expansivo situado en el interior de la junta (ver la siguiente imagen).

Ejemplos de encuentro del suelo con un muro de pantalla hormigonado in situ (izquierda) y con un muro pantalla prefabricado (derecha)

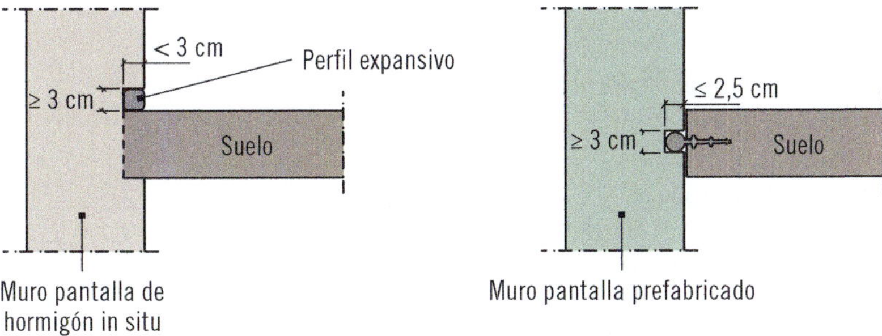

Respecto a los encuentros de suelos con particiones interiores, el CTE exige que, cuando el suelo se impermeabilice por el interior, la partición no deberá apoyarse sobre la capa de impermeabilización, sino sobre la capa de protección de la misma.

Aplicación práctica

Está realizando un informe técnico sobre la eficiencia energética de una edificación. Estudiando cada una de las soluciones constructivas, se encuentra con el siguiente caso:

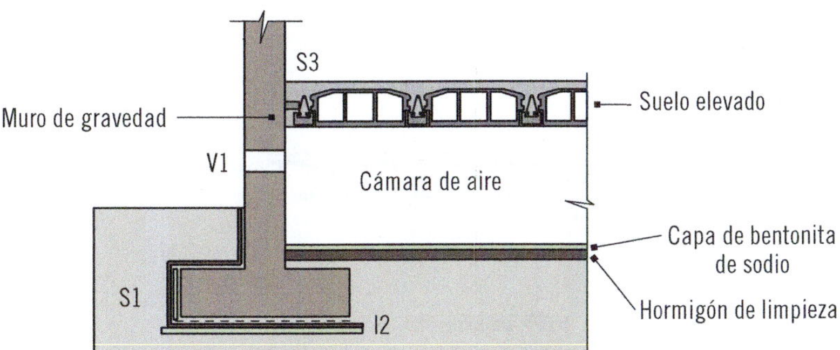

Indique los componentes, respecto a la protección frente a la humedad, que el CTE exige que se dispongan en esta solución constructiva. (Nota: el grado de impermeabilidad exigido es 3).

Continúa en página siguiente >>

<< Viene de página anterior

SOLUCIÓN

En primer lugar se determinará el tipo de solución constructiva que se plantea:

- Tipo de muro: gravedad.
- Tipo de suelo: elevado.
- Tipo de intervención en el terreno: sub-base (capa de bentonita de sodio sobre hormigón de limpieza dispuesta debajo del suelo.
- Grado de impermeabilidad exigido: 3.

A continuación se consulta la tabla correspondiente a las condiciones de las soluciones de suelo referida a los muros de gravedad. El CTE establece que, las condiciones que se deben cumplir para esta solución constructiva son: I2 + S1 + S3 + V1. Los elementos de los que se deberá disponer para satisfacer estas condiciones son:

- I2: lámina impermeabilizante y capa antipunzonamiento (por las dos caras si la lámina no es adherida).
- S1: sellado de las láminas.
- S3: sellado del encuentro muro-suelo.
- V1: ventilación de la cámara. Repartidas al 50% entre dos paredes enfrentadas, dispuestas regularmente y al tresbolillo. La relación entre el área efectiva total de las aberturas (Ss, en cm^2) y la superficie del suelo elevado, (As, en m^2) debe cumplir la condición: 30 > (Ss/As) > 10.

A continuación se muestra un croquis con la disposición de estos componentes en la solución constructiva:

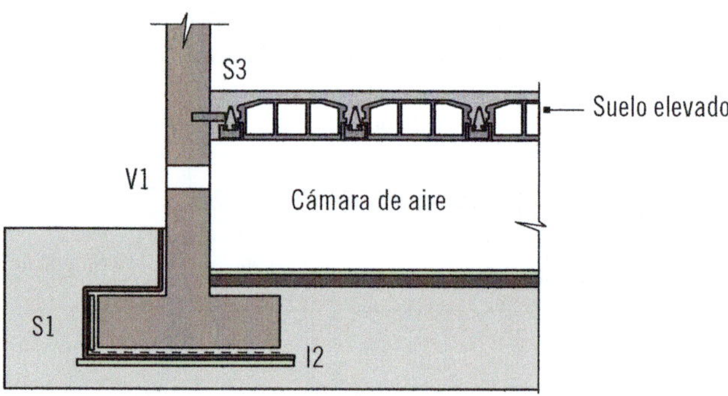

5. Condiciones de las soluciones constructivas de fachadas

Las condiciones que el CTE exige para cada solución constructiva de fachadas se establecen en función de:

- La existencia o no de revestimiento exterior.
- El grado de impermeabilidad exigido.

Definición

Revestimiento

El revestimiento se puede definir como todo elemento superficial que se aplica sobre la cara de un elemento constructivo el cual le confiere ciertas propiedades como puede ser la mejora de su aspecto estético.

Fachada revestida con piedra natural

5.1. Soluciones aceptadas

Las condiciones que el CTE establece para las soluciones constructivas de fachadas se muestran en la siguiente tabla. Como se puede observar en ella, en algunos casos estas condiciones son únicas, mientras que en otros, existen conjuntos optativos de condiciones.

<table>
<tr><th colspan="10">Condiciones de las soluciones de fachadas</th></tr>
<tr><th colspan="2"></th><th colspan="4">Con revestimiento exterior</th><th colspan="4">Sin revestimiento exterior</th></tr>
<tr><td rowspan="5">Grado de impermeabilidad</td><td>≤ 1</td><td colspan="4" rowspan="2">R1 + C1</td><td colspan="4">C1 + J1 + N1</td></tr>
<tr><td>≤ 2</td><td>B1 + C1 + J1 + N1</td><td>C2 + H1 + J1 + N1</td><td>C2 + J2 + N2</td><td>C1 + H1 + J2 + N2</td></tr>
<tr><td>≤ 3</td><td colspan="2">R1 + B1 + C1</td><td colspan="2">R1 + C2</td><td>B2 + C1 + J1 + N1</td><td>B1 + C2 + H1 + J1 + N1</td><td>B1 + C2 + J2 + N2</td><td>B1 + C1 + H1 + J2 + N2</td></tr>
<tr><td>≤ 4</td><td>R1 + B2 + C1</td><td colspan="2">R1 + B1 + C2</td><td>R2 + C1</td><td colspan="2">B2 + C2 + H1 + J1 + N1</td><td>B2 + C2 + J2 + N2</td><td>B2 + C1 +H1 + J2 + N2</td></tr>
<tr><td>≤ 5</td><td>R3 + C1</td><td>B3 + C1</td><td>R1 + B2 + C2</td><td>R2 + B1 + C1</td><td colspan="4">B3 + C1</td></tr>
</table>

Recuerde

Las paredes exteriores o fachadas son paramentos, generalmente verticales, que limitan exteriormente los edificios. Constituyen el cierre del edificio y definen su aspecto exterior.

Actividades

10. Identifique los códigos alfanuméricos correspondientes a las soluciones constructivas de fachadas con revestimiento exterior cuando el grado de impermeabilidad exigido es 5. ¿Cuántos grupos de condiciones encuentra?

A continuación se describen cada uno de los códigos alfanuméricos correspondientes a las condiciones que aparecen en la tabla anterior. El número de cada denominación de la condición indica el nivel de prestación de la misma, de manera que un número mayor corresponde a una prestación mejor. Por esto, cualquier condición de un mismo bloque puede sustituirse en la tabla por otra que tenga el número de denominación más pequeño.

- **R)** Resistencia a la filtración del revestimiento exterior:

  - **R1** El revestimiento exterior debe tener al menos una resistencia media a la filtración. Se considera que esta resistencia es proporcionada por los siguientes tipos de revestimientos:

    - Revestimientos continuos que tengan las siguientes características. **Definición de revestimientos continuos:** revestimiento que se aplica en forma de pasta fluida directamente sobre la superficie que se va a revestir. Este puede consistir en morteros hidráulicos, plástico o pintura):

      - Espesor comprendido entre 10 y 15 mm, salvo los acabados con una capa plástica delgada.
      - Adherencia al soporte que sea suficiente para garantizar su estabilidad.
      - Permeabilidad al vapor suficiente para evitar su deterioro debido a una posible acumulación de vapor entre él y la hoja principal.
      - Adaptación a los movimientos del soporte y comportamiento aceptable frente a la fisuración.
      - Cuando se dispone en fachadas con el aislante por el exterior de la hoja principal, compatibilidad química con el aislante y disposición de una armadura constituida por una malla de fibra de vidrio o de poliéster.

    - Revestimientos discontinuos rígidos pegados de las siguientes características.
      Definición de revestimiento discontinuo: el revestimiento discontinuo consiste en un revestimiento conformado a partir de

piezas (baldosas, lamas, placas, etc.) que pueden ser de materiales naturales o artificiales. Estas piezas se fijan a las superficies mediante sistemas de agarre o anclaje. Dependiendo del sistema de fijación que se utilice, el revestimiento se considera pegado o fijado mecánicamente):

- De piezas menores de 300 mm de lado.
- Fijación al soporte que sea suficiente para garantizar su estabilidad.
- Disposición en la cara exterior de la hoja principal de un enfoscado de mortero.

  Definición de enfoscado: los enfoscados son revestimientos de tipo continuo que se ejecutan con mortero de cemento, de cal o mixto. Generalmente se usan como base o soporte para otro revestimiento del mismo tipo o incluso como base para aplicar pinturas.
- Adaptación a los movimientos del soporte.

Actividades

11. ¿Qué tipo de revestimiento cree que es el que presenta la fachada del siguiente edificio? Justifique su respuesta.

- **R2.** El revestimiento exterior debe tener al menos una resistencia elevada a la filtración. Se considera que esta resistencia es proporcionada por los revestimientos discontinuos rígidos fijados mecánicamente dispuestos de tal manera que tengan las mismas características establecidas para los revestimientos discontinuos de la condición **R1,** salvo la característica referida al tamaño de las piezas.
- **R3.** El revestimiento exterior debe tener una resistencia muy elevada a la filtración. Se considera que los revestimientos que proporcionan esta resistencia son:

  - Revestimientos continuos que presenten las siguientes características:

    - Estanquidad al agua suficiente para que el agua de filtración no llegue a la hoja del cerramiento dispuesta inmediatamente por el interior del mismo.
    - Adherencia al soporte que sea suficiente para garantizar su estabilidad.
    - Permeabilidad al vapor que sea suficiente para evitar que se deteriore como consecuencia de una acumulación de vapor entre él y la hoja principal.
    - Adaptación a los movimientos del soporte y comportamiento muy bueno frente a la fisuración, de manera que no se fisure como consecuencia de los esfuerzos mecánicos producidos por el movimiento de la estructura, por los esfuerzos térmicos relacionados con el clima y con la alternancia día-noche, ni por la propia retracción del material que constituya al revestimiento.
    - Estabilidad frente a los ataques físicos, químicos y biológicos que evite la degradación de su masa.

  - Revestimientos discontinuos, fijados mecánicamente, de alguno de los elementos que se citan a continuación y dispuestos de tal manera que presenten las mismas características establecidas para los discontinuos según la condición R1, salvo la referida tamaño de las piezas:

- Escamas: elementos manufacturados de pequeñas dimensiones (pizarra, piezas de fibrocemento, madera, productos de barro).
- Lamas: elementos que presentan un lado de pequeñas dimensiones y u otro de dimensiones muyo mayores (de madera, metálicas, etc.).
- Placas: elementos de grandes dimensiones (fibrocemento, metal);
- Sistemas derivados: sistemas constituidos por cualquiera de los elementos discontinuos anteriores más un aislamiento térmico.

Lamas de madera

Actividades

12. Observe el revestimiento de su edificio y enumere las características que presenta, según pueda apreciar.

- **B.** Resistencia a la filtración que presente la barrera contra la penetración de agua:
  - **B1.** Debe disponerse al menos una barrera que presente resistencia media a la filtración. Se considera que cumplen este requisito los siguientes elementos:

- Cámara de aire sin ventilar.
- Aislante no hidrófilo situado en la cara interior de la hoja principal. **Definición de aislante no hidrófilo:** se considera aislante no hidrófilo a aquel que presenta una succión o absorción de agua a corto plazo por inmersión parcial menor que 1 kg/m^2 según ensayo UNE-EN ISO 29767:2020 o una absorción de agua a largo plazo por inmersión total menor que el 5 % según ensayo UNE-EN ISO 16535:2020.

- **B2.** Debe disponerse al menos una barrera que presente una alta resistencia a la filtración. Se considera que cumplen este requisito los siguientes elementos:

  - Cámara de aire sin ventilar y aislante no hidrófilo dispuestos por el interior de la hoja principal, situándose dicha cámara por el lado exterior del aislante.
  - Aislante no hidrófilo dispuesto por el exterior de la hoja principal.

- **B3.** Debe disponerse una barrera que presente una resistencia muy alta a la filtración. Se considera que cumplen este requisito los siguientes elementos:

  - Una cámara de aire ventilada y un aislante no hidrófilo que tengan las siguientes características:

    - La cámara debe disponerse por el lado exterior del aislante.
    - Debe disponerse, en la parte inferior de la cámara y cuando esta quede interrumpida, un sistema de recogida y evacuación del agua filtrada a la misma (ver el apartado **"Encuentros de la cámara de aire ventilada").**
    - El espesor de la cámara debe tener un valor comprendido entre 3 y 10 cm.
    - Deben disponerse aberturas de ventilación que presenten un área efectiva total de, como mínimo, 120 cm^2 por cada 10 m^2 de paño de fachada entre forjados repartidas al 50 % entre la parte superior y la inferior. Estas aberturas pueden consistir en rejillas, llagas desprovistas de mortero, juntas

abiertas en los revestimientos discontinuos (con una anchura mayor que 5 mm) u otra solución que produzca el mismo efecto.
Definición de paño: en la construcción, se conoce como paño a una porción de pared más o menos extensa.

- Revestimiento continuo intermedio en la cara interior de la hoja principal que tenga las siguientes características:
  Definición de hoja principal: la hoja principal de una fachada tiene la función de soportar el resto de las hojas y demás componentes de la fachada, así como desempeñar la función estructural.

  - Estanquidad al agua que sea suficiente para que el agua de filtración no entre en contacto con la hoja del cerramiento dispuesta inmediatamente por el interior del mismo.
  - Adherencia al soporte que sea suficiente para garantizar su estabilidad.
  - Permeabilidad suficiente al vapor tal que evite su deterioro como consecuencia de una acumulación de vapor entre él y la hoja principal.
  - Adaptación a los movimientos del soporte y comportamiento muy bueno frente a la fisuración, de manera que no se fisure como consecuencia de los esfuerzos mecánicos producidos por el movimiento de la estructura, por los esfuerzos térmicos relacionados con el clima y con la alternancia día-noche, ni por la propia retracción del material que constituya al revestimiento.
  - Estabilidad frente a los ataques físicos, químicos y biológicos que evite la degradación de su masa.

- **C)** Composición de la hoja principal:

  - **C1.** Debe utilizarse al menos una hoja principal de espesor medio. Se considera como tal una fábrica cogida con mortero de:

    - ½ pie de ladrillo cerámico, el cual debe ser perforado o macizo cuando no exista revestimiento exterior o cuando exista

un revestimiento exterior discontinuo o un aislante exterior fijados mecánicamente.
- 12 cm de bloque cerámico, bloque de hormigón o piedra natural.

Ladrillo macizo y ladrillo perforado

- **C2.** Debe utilizarse una hoja principal de espesor alto. Se considera como tal una fábrica cogida con mortero de:
  - 1 pie de ladrillo cerámico, que debe ser perforado o macizo cuando no exista revestimiento exterior o cuando exista un revestimiento exterior discontinuo o un aislante exterior fijados mecánicamente.
  - 24 cm de bloque cerámico, bloque de hormigón o piedra natural.

- **J)** Resistencia a la filtración de las juntas entre las piezas que conforman la hoja principal:
  - **J1.** Las juntas deben tener al menos una resistencia media a la filtración. Se consideran como tales las juntas de mortero sin interrupción excepto, en el caso de las juntas de los bloques de hormigón, que se interrumpen en la parte intermedia de la hoja.
  - **J2.** Las juntas deben ser de resistencia alta a la filtración. Se considera que cumplen esta condición las juntas de mortero con adición de un producto hidrófugo, de las siguientes características:

- Sin interrupción excepto, en el caso de las juntas de los bloques de hormigón, que se interrumpen en la parte intermedia de la hoja.
- Juntas horizontales llagueadas o de pico de flauta.
  Definición. Junta llagueada. Junta que se consigue cuando se retira el mortero de las juntas hasta una profundidad no superior a los 20 mm y se sustituye por una mezcla que presente una resistencia superior a la humedad.
- Cuando el sistema constructivo así lo permita, con un rejuntado de un mortero más rico.

- **N)** Resistencia a la filtración del revestimiento intermedio en la cara interior de la hoja principal:

  - **N1.** Debe utilizarse un revestimiento que tenga, al menos, una resistencia media a la filtración. Se considera como tal un enfoscado de mortero que tenga un espesor mínimo de 10 mm.
  - **N2.** Debe utilizarse un revestimiento que tenga una resistencia alta a la filtración. Se considera como tal un enfoscado de mortero con aditivos hidrofugantes (impermeables al agua) con un espesor mínimo de 15 mm o un material adherido, continuo, sin juntas e impermeable al agua del mismo espesor.

Aplicación práctica

El revestimiento exterior de una fachada tiene las siguientes características:

- **Rígido, discontinuo fijado mecánicamente.**
- **Longitud de las piezas: 300 mm.**
- **Fijación al soporte suficiente para garantizar su estabilidad.**
- **Disposición en la cara exterior de la hoja principal de un enfoscado de mortero.**
- **Adaptación a los movimientos del soporte.**

¿Qué grado de resistencia a la filtración se puede asegurar que ofrece este revestimiento? Justifique su respuesta.

Continúa en página siguiente >>

<< Viene de página anterior

SOLUCIÓN

El CTE establece en su condición R2, la cual se incluye dentro del bloque de condición R referido a resistencia a la filtración del revestimiento exterior, que un revestimiento ofrecerá una resistencia alta a la filtración cuando sea un revestimiento discontinuo rígido fijado mecánicamente dispuesto de tal manera que tenga las mismas características establecidas para los discontinuos de R1, salvo la del tamaño de las piezas.

Al tratarse de un revestimiento rígido fijado mecánicamente, se deberá comprobar si se cumplen las características establecidas en la condición R1 (referida a los revestimientos discontinuos rígidos pegados), salvo la referida al tamaño de las piezas. Estas son:

- Fijación al soporte que sea suficiente para garantizar su estabilidad.
- Disposición en la cara exterior de la hoja principal de un enfoscado de mortero.
- Adaptación a los movimientos del soporte.

Al cumplir estas condiciones, se puede asegurar que el revestimiento presenta una resistencia alta a la filtración.

5.2. Juntas de dilatación

Respecto a las juntas de dilatación en las soluciones constructivas de fachadas, el CTE establece las siguientes condiciones:

Deben disponerse juntas de dilatación en la hoja principal de tal forma que cada junta estructural coincida con una de ellas y, la distancia que exista entre juntas de dilatación contiguas debe ser, como máximo la que figura en la siguiente tabla (extraída del CTE: DB-SE-F Seguridad estructural: Fábrica):

DISTANCIA ENTRE JUNTAS DE MOVIMIENTO DE FÁBRICAS SUSTENTADAS			
Tipo de fábrica			**Distancia entre las juntas (m)**
De piedra natural			30
De piezas de hormigón celular en autoclave			22
De piezas de hormigón ordinario			20
De piedra artificial			20
De piezas de árido ligero (excepto piedra pómez o arcilla expandida)			20
De piezas de hormigón ligero			15
	Retracción final (mm/m)	**Expansión final por humedad (mm/m)**	
De ladrillo cerámico[1]	≥ 0,15	≥ 0,15	30
	≥ 0,20	≥ 0,30	20
	≥ 0,20	≥ 0.50	15
	≥ 0,20	≥ 0.75	12
	≥ 0,20	≥ 1,00	8

(1) Puede interpolarse linealmente

1. En las juntas de dilatación de la hoja principal debe colocarse un sellante sobre un relleno introducido en la junta. Deben emplearse rellenos y sellantes de materiales que tengan una elasticidad y una adherencia suficientes para absorber los movimientos de la hoja previstos y que sean impermeables y resistentes a los agentes atmosféricos. El sellante debe tener una profundidad mayor o igual que 1 cm y la relación entre su espesor y su anchura debe estar comprendida entre 0,5 y 2. En fachadas enfoscadas debe enrasarse con el paramento de la hoja principal sin enfoscar. Cuando se utilicen chapas metálicas en las juntas de dilatación, deben disponerse las mismas de tal forma que estas cubran a ambos lados de la junta una banda de muro de 5 cm como mínimo y cada chapa debe fijarse mecánicamente en dicha banda y sellarse su extremo correspondiente (ver la imagen de más abajo).

2. El revestimiento exterior debe estar provisto de juntas de dilatación de tal forma que la distancia entre juntas contiguas sea suficiente para evitar su agrietamiento.

Ejemplos de juntas de dilatación

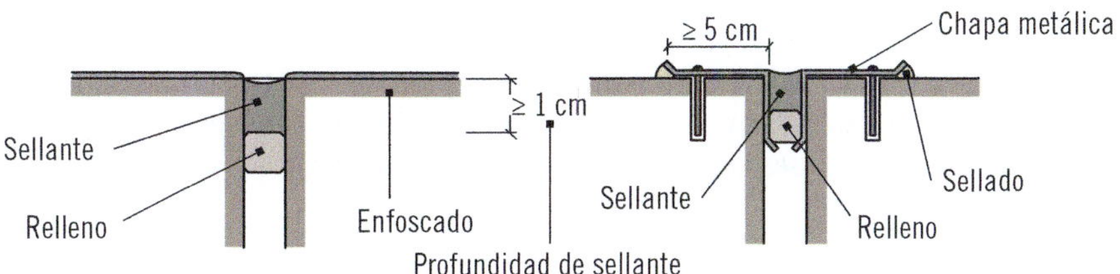

Actividades

13. ¿Qué distancia máxima debe haber entre las juntas de dilatación de las fábricas de piedra natural?

Aplicación práctica

En el estudio de las juntas de dilatación de la hoja principal de una fachada observas que el sellante tiene las siguientes características:

- **Profundidad del sellante: 7 mm.**
- **Espesor del sellante: 1 cm.**
- **Anchura del sellante: 1 cm.**

Indique si este sellante cumple los requisitos que el CTE establece para las juntas de dilatación de las soluciones constructivas de fachadas.

Continúa en página siguiente >>

<< Viene de página anterior

SOLUCIÓN

Según el CTE, el sellante debe tener una profundidad mayor o igual que 1 cm y la relación entre su espesor y su anchura debe estar comprendida entre 0,5 y 2. La relación entre el espesor y la anchura del sellante objeto de la presente aplicación práctica es 1 (1 cm/1 cm), por lo que sí se cumpliría lo establecido en el CTE. Esto no ocurre con la profundidad del sellante, ya que tiene un valor de 7 mm (inferior a los 10 mm o 1 cm que el CTE como mínimo exige). Además de esto, también sería necesario verificar que el sellante esté constituido por materiales que tengan una elasticidad y una adherencia suficientes para absorber los movimientos de la hoja previstos y que sean impermeables y resistentes a los agentes atmosféricos.

5.3. Arranque de la fachada desde la cimentación

Respecto al arranque de la fachada desde la cimentación el CTE exige que:

1. Debe disponerse una barrera impermeable que cubra todo el espesor de la fachada y que se sitúe a más de 15 cm por encima del nivel del suelo exterior para evitar el ascenso de agua por capilaridad. Se puede adoptar otra solución que produzca el mismo efecto.
2. Cuando la fachada esté constituida por un material poroso o tenga un revestimiento poroso, para protegerla de las salpicaduras, debe disponerse un zócalo de un material cuyo coeficiente de succión sea menor que el 3 %, de más de 30 cm de altura sobre el nivel del suelo exterior que cubra el impermeabilizante del muro o la barrera impermeable dispuesta entre el muro y la fachada, y sellarse la unión con la fachada en su parte superior (ver la imagen siguiente). Se puede adoptar otra solución que produzca el mismo efecto.
   Definición de coeficiente de succión: el coeficiente de succión informa acerca de la capacidad de absorción de agua que tiene un material.
3. Cuando no sea necesaria la disposición del zócalo, el remate de la barrera impermeable en el exterior de la fachada debe realizarse según lo descrito en el apartado 2.4.4.1.2 del CTE-DB SE ("Encuentro de las cubiertas con un paramentos verticales") o disponiendo un sellado.

Ejemplos de arranque de la fachada desde la cimentación

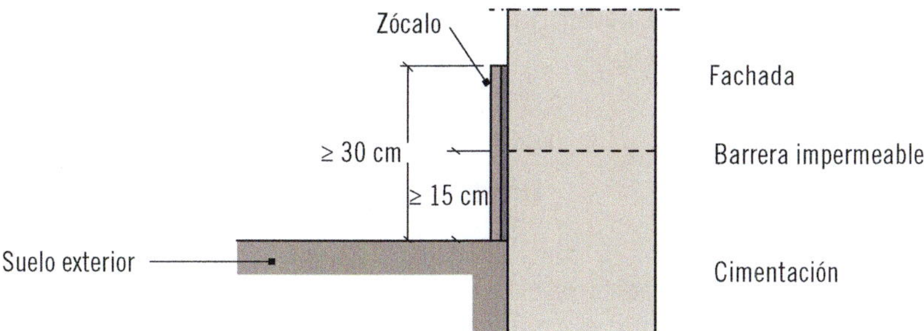

Actividades

14. En el arranque de la fachada desde la cimentación, ¿en qué casos es necesario disponer una barrera impermeable?, ¿qué dimensiones debe tener?

5.4. Encuentros de la fachada con forjados

Respecto al encuentro de las fachadas con forjados, el CTE establece los siguientes requisitos:

1. Cuando la hoja principal esté interrumpida por los forjados y se tenga revestimiento exterior continuo, debe adoptarse una de las dos soluciones siguientes:

   a. Disposición de una junta de desolidarización entre la hoja principal y cada forjado dejando, por debajo de estos, una holgura de 2 cm que debe rellenarse después de la retracción de la hoja principal con un material cuya elasticidad sea compatible con la deformación prevista del forjado y protegerse de la filtración con un goterón (ver la siguiente imagen).
   Definición de junta de desolidarización: son juntas que actúan como protectoras o separadoras entre materiales.

Definición de goterón: un goterón es un elemento constructivo que se dispone para evitar que el agua de lluvia discurra por una determinada superficie.

Ejemplos de encuentro de fachada con forjado

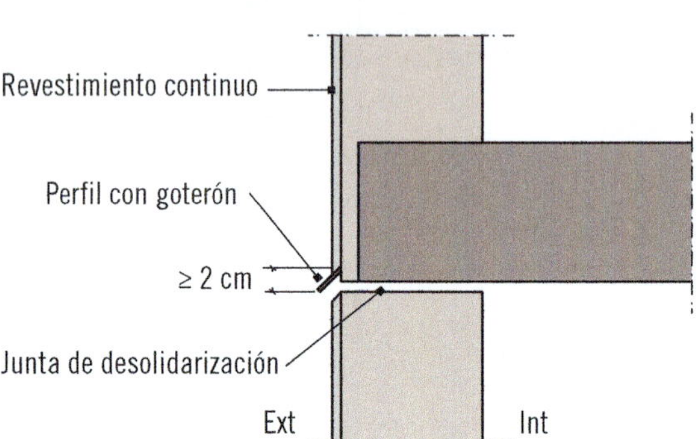

b. Refuerzo del revestimiento exterior con mallas dispuestas a lo largo del forjado de tal forma que sobrepasen el elemento hasta 15 cm por encima del forjado y 15 cm por debajo de la primera hilada de la fábrica (ver la siguiente imagen).

Ejemplos de encuentro de fachada con forjado

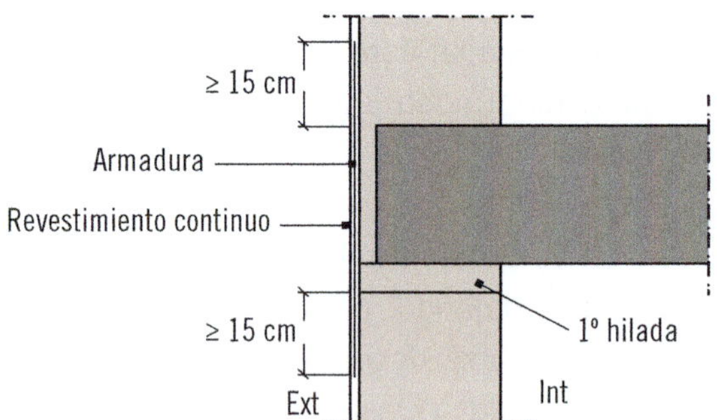

2. Cuando en otros casos se disponga una junta de desolidarización, esta debe tener las características anteriormente mencionadas.

5.5. Encuentros con pilares

El CTE establece las siguientes exigencias para el encuentro de fachadas con pilares.

1. Cuando la hoja principal esté interrumpida por los pilares, en el caso de que la fachada esté revestida con revestimiento continuo, debe reforzarse este con armaduras dispuestas a lo largo del pilar de manera que lo sobrepasen 15 cm por ambos lados.
2. Cuando la hoja principal esté interrumpida por los pilares, si se colocan piezas de menor espesor que la hoja principal por la parte exterior de los pilares, para conseguir la estabilidad de dichas piezas, debe disponerse una armadura o cualquier otra solución que produzca el mismo efecto (ver la siguiente imagen):

Ejemplos de encuentro de la fachada con los pilares

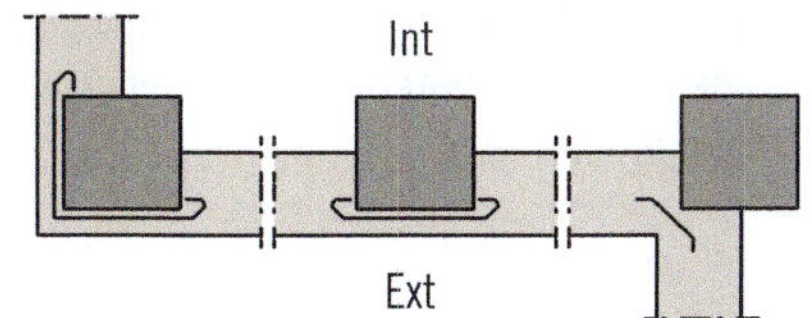

Definición

Pilar

Un pilar es un elemento generalmente vertical de una estructura que tiene la misión recibir las cargas verticales y transmitirlas a la cimentación. A diferencia de las columnas, los pilares tienen sección poligonal.

5.6. Encuentros de la cámara de aire ventilada

Las cámaras de aire ventiladas son secciones constructivas de fachadas o cubiertas que están comunicadas con el exterior. Estos elementos presentan una serie de características que hacen posible la circulación de aire y, en consecuencia, la difusión del vapor de agua y la transmisión de calor por convección.

El CTE también establece una serie de requisitos que se deben cumplir en el encuentro de las cámaras ventiladas con los forjados y los dinteles.

Definición

Dintel

Los dinteles son elementos constructivos horizontales que tienen la misión de cerrar la parte superior de un hueco además de desviar las cargas soportadas hacia los apoyos laterales, también conocidos como jambas.

Dintel de piedra

Los requisitos que han de cumplir los dinteles son:

1. Cuando la cámara quede interrumpida por un forjado o un dintel, debe disponerse un sistema de recogida y evacuación del agua filtrada o condensada en dicha cámara.
2. Como sistema de recogida de agua debe utilizarse un elemento continuo impermeable (lámina, perfil especial, etc.) dispuesto a lo largo del fondo de la cámara, con inclinación hacia el exterior, de tal forma que su borde superior esté situado como mínimo a 10 cm del fondo y al menos 3 cm por encima del punto más alto del sistema de evacuación (ver la siguiente imagen). Cuando se disponga una lámina, esta debe introducirse en la hoja interior en todo su espesor.
3. Para la evacuación debe utilizar se uno de los siguientes sistemas:

   a. Un conjunto de tubos de material estanco que conduzcan el agua al exterior, separados 1,5 m como máximo (ver la siguiente imagen).
   b. Un conjunto de llagas de la primera hilada desprovistas de mortero, separadas 1,5 m como máximo. A lo largo de estas llagas debe, prolongarse, hasta el exterior, el elemento de recogida dispuesto en el fondo de la cámara (ver la siguiente imagen).

Ejemplo de encuentro de la cámara con los forjados

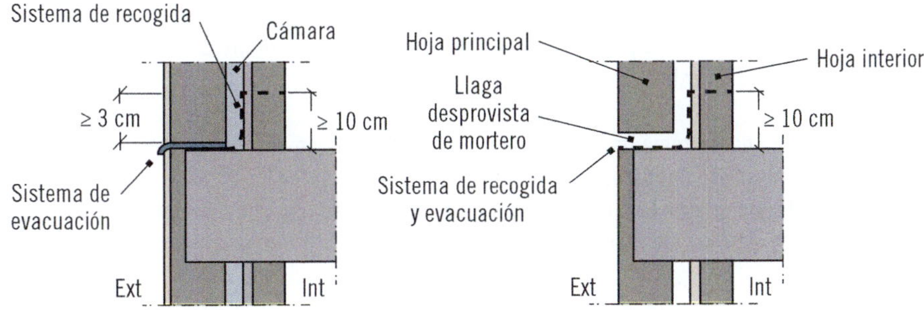

Aplicación práctica

En el estudio de la eficiencia energética de un edificio, detectas que el encuentro de la cámara de aire ventilada con los forjados presenta características indicadas en el siguiente croquis:

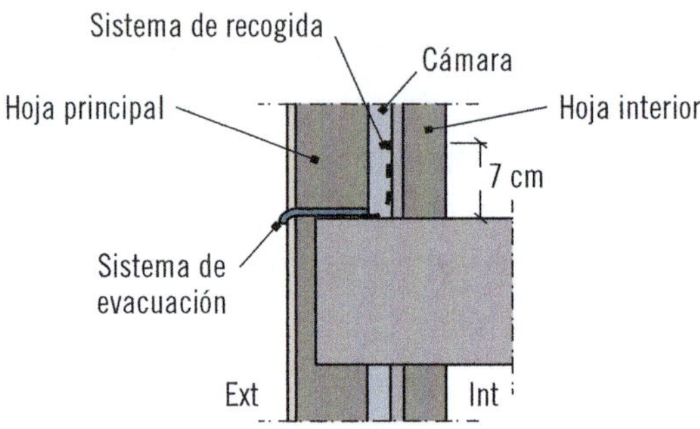

Señale si estos encuentros cumplen con los correspondientes requisitos establecidos en el CTE.

Nota: los materiales que aparecen en el croquis cumplen con las exigencias establecidas en el CTE.

SOLUCIÓN

A la vista del croquis, se pueden señalas dos aspectos constructivos que difieren con lo expuesto en el CTE. Estos son:

1. La lámina del sistema de recogida no está introducida en el espesor de la hoja interior (ver la siguiente imagen).
2. El borde superior de la lámina de recogida no está situada, como mínimo, a 10 cm del fondo (lo está a 7 cm; ver la siguiente imagen).

Continúa en página siguiente >>

<< Viene de página anterior

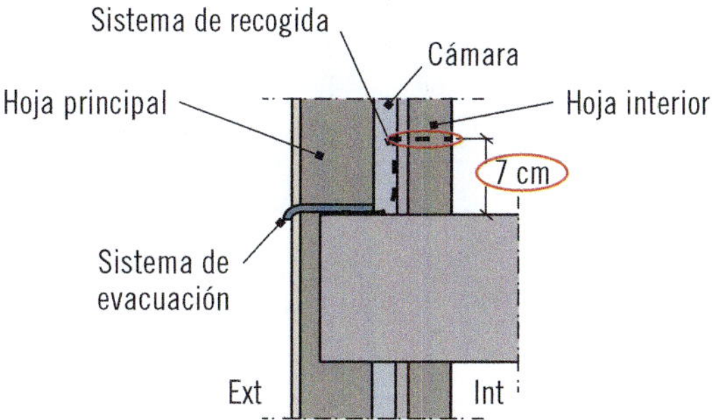

Por esto, se puede afirmar que estos encuentros no cumplen con los requisitos que el CTE establece para los encuentros de las cámaras de aire ventiladas con los forjados.

5.7. Encuentros con la carpintería

Respecto al encuentro de la fachada con la carpintería, el CTE establece los siguientes requisitos:

1. Cuando el grado de impermeabilidad exigido sea igual a 5, si las carpinterías están retranqueadas respecto del paramento exterior de la fachada, debe disponerse un precerco además de colocarse una barrera impermeable en las jambas entre la hoja principal y el precerco, o en su caso el cerco, que esté prolongada 10 cm hacia el interior del muro (ver la siguiente imagen).
   Definición de precerco: el premarco o precerco es un elemento que va recibido directamente al tabique por medio de garras para ser fijado en el mismo.
   Definición de cerco: el cerco es el marco de una puerta o ventana.
2. Debe sellarse la junta entre el cerco y el muro con un cordón que debe estar introducido en un llagueado practicado en el muro de manera que quede encajado entre dos bordes paralelos.

Ejemplo de encuentro de la fachada con la carpintería

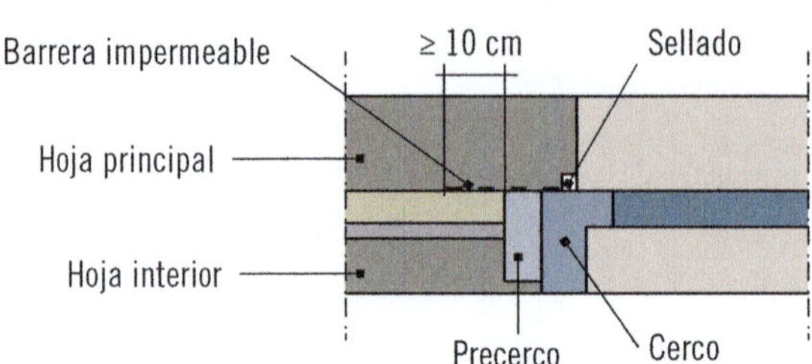

Definición

Carpintería
Se conoce como carpintería al conjunto de elementos constructivos que se emplean para completar los huecos de una edificación. Las ventanas y puertas son claros ejemplos de elementos de carpintería.

---

3. Cuando la carpintería esté retranqueada respecto del paramento exterior de la fachada, debe rematarse el alféizar con un vierteaguas para evacuar hacia el exterior el agua de lluvia que llegue a él y evitar que alcance la parte de la fachada inmediatamente inferior al mismo. Se debe disponer un goterón en el dintel (u otras soluciones que produzcan los mismos efectos) para evitar que el agua de lluvia discurra por la parte inferior del mismo hacia la carpintería.
   Definición de alféizar: el alféizar es la placa que constituye la parte inferior de una ventana.
   Definición de vierteaguas: superficie que está levemente inclinada hacia el exterior que se utiliza para "escupir" el agua de lluvia.
4. El vierteaguas debe tener una pendiente hacia el exterior de al menos10°, debe ser impermeable o disponerse sobre una barrera impermeable fijada al cerco o al muro que se prolongue por la parte trasera y por ambos lados del vierteaguas y que tenga una pendiente hacia el exterior de 10° como mínimo. El vierteaguas debe disponer de un goterón en la cara inferior del saliente, separado del paramento exterior de la fachada al

menos 2 cm, y su entrega lateral en la jamba debe ser de 2 cm como mínimo (ver la siguiente imagen).

5. La junta de las piezas con goterón deben tener la misma forma que dicho goterón para no crear a través de ella un puente hacia la fachada.

Ejemplo de vierteaguas

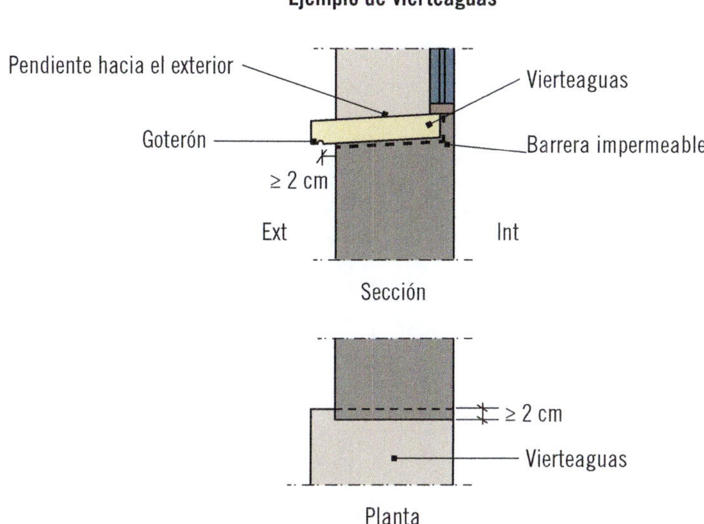

Actividades

15. Compruebe, realizando los cálculos y mediciones que estime oportunos, la inclinación de uno de los vierteaguas de su domicilio y razone si se cumple con lo especificado en el CTE respecto a la inclinación de estos elementos.
16. ¿Qué misión tiene el goterón de los vierteaguas?

Aplicación práctica

Desea averiguar si las medidas del vierteaguas de uno de los huecos de su vivienda cumplen con los requisitos establecidos por el CTE respecto al encuentro de la fachada con la carpintería.

En primer lugar, realice un croquis de las dimisiones del vierteaguas, obteniendo el siguiente resultado:

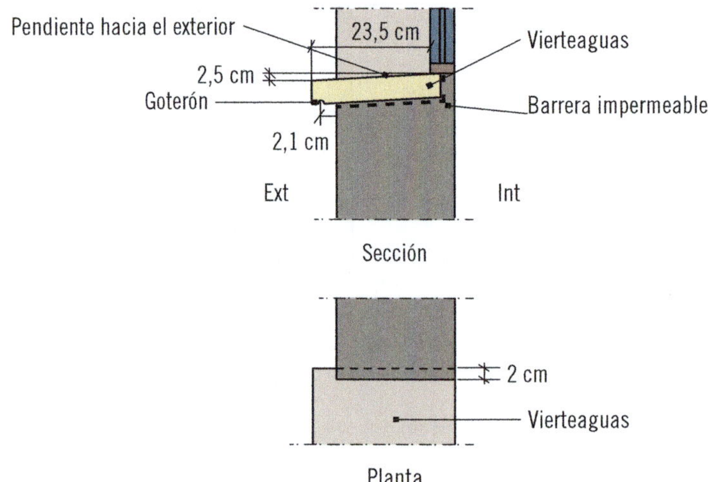

En resumen, las medidas obtenidas son:

- **Distancia entre extremo del vierteaguas hasta la ventana: 23'5 cm.**
- **Distancia entre el goterón y la fachada: 2'1 cm.**
- **Entrega lateral en la jamba: 2 cm.**
- **Diferencia de altura entre el extremo inferior de la ventana y el final del vierteaguas: 2,5 cm.**

Determine si estas distancias son correctas, según lo que establece el CTE en el apartado correspondiente al encuentro de las fachadas con la carpintería.

Continúa en página siguiente >>

<< Viene de página anterior

SOLUCIÓN

Respecto a la distancia correspondiente a la entrega lateral del vierteaguas en la jamba así como a la distancia que existe entre el goterón y la fachada, se puede afirmar que dichas longitudes son correctas, ya que el CTE obliga que estas sean de, al menos, 2 cm (2 cm y 2,1 cm respectivamente).

Además de esto, el CTE obliga que la inclinación mínima del vierteaguas sea de 10%. Para determinar la inclinación del vierteaguas objeto de la presente aplicación práctica basta con dividir la distancia que existe entre el extremo del vierteaguas y la fachada entre la diferencia de altura que hay entre el extremo inferior de la ventana y el borde del vierteaguas. Para determinar el porcentaje de inclinación basta con multiplicar este resultado por 100:

- Inclinación = (2,5/23,5) · 100
- Inclinación = (0,106) · 100
- Inclinación = 10'6%

La inclinación del vierteaguas es un poco mayor que 10% por lo que podemos afirmar que todas las medidas cumplen con las exigencias del CTE.

5.8. Antepechos y remates

El antepecho es la parte maciza que hay bajo el hueco que define una ventana, el cual se levanta desde el piso mostrando exteriormente la parte frontal inferior de una ventana.

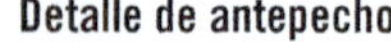

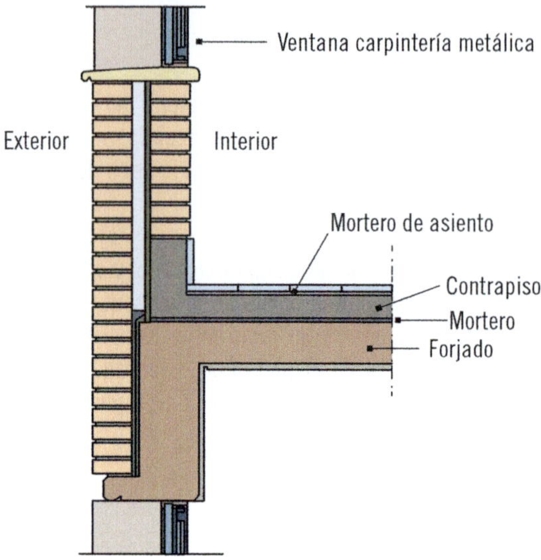

Respecto a los antepechos y remates superiores de las fachadas, el CTE exige:

1. Los antepechos deben rematarse con albardillas para evacuar el agua de lluvia que llegue a su parte superior y evitar que alcance la parte de la fachada inmediatamente inferior al mismo o debe adoptarse otra solución que produzca el mismo efecto.
   Definición de albardillas: son elementos de remate de que se disponen sobre los muros o cerramientos exteriores para impedir que el agua penetre por la parte superior.
2. Las albardillas deben tener una inclinación de 10º como mínimo, deben disponer de goterones en la cara inferior de los salientes hacia los que discurre el agua, separados de los paramentos correspondientes del antepecho al menos 2 cm y deben ser impermeables o deben disponerse sobre una barrera impermeable que tenga una pendiente hacia el exterior de, al menos, 10º. Deben disponerse juntas de dilatación cada dos piezas cuando sean de piedra o prefabricadas y cada 2 m cuando sean cerámicas. Las juntas entre las albardillas deben realizarse de tal manera que sean impermeables con un sellado adecuado.

6. Condiciones de las soluciones constructivas de cubiertas

El CTE también establece ciertas condiciones a tener en cuenta en las soluciones constructivas de cubiertas, algunas de las cuales se estudiarán en el presente apartado.

Recuerde

Las cubiertas de los edificios son elementos que constituyen en cierre superior de los mismos.

6.1. Elementos

Las cubiertas deben disponer de los elementos siguientes:

1. Un sistema de formación de pendientes (ver más adelante) cuando la cubierta sea plana o inclinada y su soporte resistente no tenga la pendiente adecuada al tipo de protección y de impermeabilización que se vaya a utilizar.
2. Una barrera contra el vapor situada justo debajo del aislante térmico cuando, según el cálculo descrito en la sección HE1 del DB "Ahorro de energía" del CTE, se prevea que vayan a producirse condensaciones en dicho elemento.
3. Una capa separadora situada justo debajo del aislante térmico, cuando deba evitarse el contacto entre materiales químicamente incompatibles;
4. Un aislante térmico, según lo establecido la sección HE1 del DB "Ahorro de energía" del CTE.
5. Una capa separadora situada justo debajo de la capa de impermeabilización, cuando deba evitarse el contacto entre materiales químicamente incompatibles o la adherencia entre la impermeabilización y el elemento que sirve de soporte en sistemas no adheridos.

Definición de sistema no adherido: sistema de fijación en el que la impermeabilización se sitúa sobre el soporte sin adherirse al mismo salvo en elementos singulares tales como juntas, desagües, petos, bordes, etc; y en el perímetro de elementos sobresalientes de la cubierta, tales como chimeneas, claraboyas, mástiles, etc.

6. Una capa de impermeabilización cuando la cubierta sea plana o cuando sea inclinada y el sistema de formación de pendientes no tenga la pendiente exigida en la tabla de "Pendientes de cubiertas inclinadas" (ver más adelante) o el solapo de las piezas de la protección sea insuficiente.
7. Una capa separadora entre la capa de protección y la capa de impermeabilización, cuando:

    - Deba evitarse la adherencia entre ambas capas.
    - La impermeabilización tenga una resistencia baja frente al punzonamiento estático.
    - Se utilice como capa de protección: solado flotante colocado sobre soportes, grava, una capa de rodadura de hormigón, una capa de rodadura de aglomerado asfáltico dispuesta sobre una capa de mortero o tierra vegetal; en este último caso además debe disponerse inmediatamente por encima de la capa separadora, una capa drenante y sobre esta una capa filtrante; en el caso de utilizarse grava la capa separadora debe ser antipunzonante.

8. Una capa separadora entre la capa de protección y el aislante térmico, cuando:

    - Se utilice tierra vegetal como capa de protección; además debe disponerse inmediatamente por encima de esta capa separadora, una capa drenante y sobre esta una capa filtrante.
    - La cubierta sea transitable para peatones; en este caso la capa separadora debe ser antipunzonante.
    - Se utilice grava como capa de protección; en este caso la capa separadora debe ser filtrante, capaz de impedir el paso de áridos finos y antipunzonante.

9. Una capa de protección, cuando la cubierta sea plana, salvo que la capa de impermeabilización sea autoprotegida.

10. Un tejado, cuando la cubierta sea inclinada, salvo que la capa de impermeabilización sea autoprotegida.
11. Un sistema de evacuación de aguas, que puede constar de canalones, sumideros y rebosaderos, dimensionado según el cálculo descrito en la sección HS 5 del DB-HS del CTE.

6.2. Sistema de formación de pendientes en cubiertas planas e inclinadas

Los sistemas de formación de pendientes tienen el cometido de facilitar la escorrentía y evacuación del agua u otras precipitaciones sobre la cubierta hacia los sumideros.

Para estos sistemas, el CTE establece las siguientes exigencias:

1. El sistema de formación de pendientes debe tener una cohesión y estabilidad suficientes para hacer frente a las solicitaciones mecánicas y térmicas, y su constitución debe ser adecuada para el recibido o fijación del resto de componentes.
2. Cuando el sistema de formación de pendientes sea el elemento que sirve de soporte a la capa de impermeabilización, el material que lo constituye debe ser compatible con el material impermeabilizante y con la forma de unión de dicho material a él.
3. El sistema de formación de pendientes en cubiertas planas debe tener una pendiente hacia los elementos de evacuación de agua incluida dentro de los intervalos que figuran en la siguiente tabla, la cual relaciona estas pendientes con la función del uso de la cubierta y del tipo de protección.

PENDIENTE DE CUBIERTAS PLANAS			
USO		**PROTECCIÓN**	**PENDIENTE EN %**
Transitables	Peatones	Solado fijo	1-5 (1)
		Solado flotante	1-5
	Vehículos	Capa de rodadura	1-5 (1)
No transitables		Grava	1-5
		Lámina autoprotegida	1-5
Ajardinadas		Tierra vegetal	1-5

[1] *Para rampas no se aplica la limitación de pendiente máxima.*

4. El sistema de formación de pendientes en cubiertas inclinadas, cuando estas no tengan capa de impermeabilización, debe tener una pendiente hacia los elementos de evacuación de agua mayor que la obtenida en la siguiente tabla, la cual establece el valor mínimo de dichas pendientes según sea el tipo de tejado.

Pendientes de cubiertas inclinadas				
				Pendiente mínima en %
Tejado [1] [2]	Teja [3]		Teja curva	32
			Teja mixta y plana monocanal	30
			Teja plana marsellesa o alicantina	40
			Teja plana con encaje	50
	Pizarra			60
	Placas y perfiles	Cinc		10
		Fibrocemento	Placas simétricas de onda grande	10
			Placas asimétricas de nervadura grande	10
			Placas asimétricas de nervadura media	25
		Sintéticos	Perfiles de ondulado grande	10
			Perfiles de ondulado pequeño	15
			Perfiles de grecado grande	5
			Perfiles de grecado medio	8
			Perfiles nervados	10
		Galvanizados	Perfiles de ondulado pequeño	15
			Perfiles de grecado o nervado grande	5
			Perfiles de grecado o nervado medio	8
			Perfiles de nervado pequeño	10
			Paneles	5
		Aleaciones ligeras	Perfiles de ondulado pequeño	15
			Perfiles de ondulado medio	5

(1) En caso de cubiertas con varios sistemas de protección superpuestos se establece como pendiente mínima la menor de las pendientes para cada uno de los sistemas de protección.

(2) Para los sistemas y piezas de formato espacial las pendientes deben establecerse de acuerdo con las correspondientes especificaciones de aplicación.

(3) Estas pendientes son para faldones menores a 6,5 m, una situación de exposición normal y una situación climática desfavorable: para condiciones diferentes a éstas, se debe a tomar el valor de la pendiente mínima establecida en norma UNE 127.100 ("Tejas de hormigón. Código de práctica para la concepción y el montaje de cubiertas con tejas de hormigón") ó en norma UNE 136.020 ("Tejas cerámicas. Código de práctica para la concepción y el montaje de cubiertas con tejas cerámicas").

Actividades

17. ¿Qué intervalo de pendientes hacia los elementos de evacuación de agua pueden tener los sistemas de formación de pendientes en cubiertas planas que no sean transitables y que estén protegidas por grava?

6.3. Capas de impermeabilización. Materiales utilizados

Cuando se disponga una capa de impermeabilización en la cubierta, esta debe aplicarse y fijarse de acuerdo al tipo de material constitutivo de la misma. Se pueden usar los materiales indicados en el CTE u otros que produzcan el mismo efecto.

Los materiales que el CTE especifica para constituir las capas de impermeabilización son:

Materiales bituminosos y bituminosos modificados

Para la impermeabilización con materiales bituminosos y bituminosos modificados se deberá tener en cuenta lo siguiente:

1. Las láminas pueden ser de oxiasfalto o de betún modificado.
2. Cuando la pendiente de la cubierta sea mayor que 15%, deben utilizarse sistemas fijados mecánicamente.
3. Cuando la pendiente de la cubierta esté comprendida entre 5 y 15%, deben utilizarse sistemas adheridos.
4. Cuando se quiera independizar el impermeabilizante del elemento que le sirve de soporte para mejorar la absorción de movimientos estructurales, deben utilizarse sistemas no adheridos.
5. Cuando se utilicen sistemas no adheridos debe emplearse una capa de protección pesada.

Definición

Materiales bituminosos

Se conocen como materiales bituminosos a aquellos productos que en su composición contienen un componente orgánico denominado betún, el cual se caracteriza por su alto grado de la impermeabilidad.

Láminas de material bituminoso

Policloruro de vinilo plastificado

Para la impermeabilización con policloruro de vinilo plastificado se deberán tener en cuenta las siguientes consideraciones:

1. Cuando la pendiente de la cubierta sea mayor que 15%, deben utilizarse sistemas fijados mecánicamente.
2. Cuando la cubierta no tenga protección, deben utilizarse sistemas adheridos o fijados mecánicamente.
3. Cuando se utilicen sistemas no adheridos, debe emplearse una capa de protección pesada.

Definición

Policloruro de vinilo (PVC)

Es un polímero que se obtiene de dos materias primas naturales: el cloruro de sodio o sal común, y petróleo o gas natural.

El PVC es un material muy utilizado actualmente, siendo una de sus mayores ventajas la ligereza, lo que facilita su transporte e instalación.

Tubos de PVC

Etileno propileno dieno monómero

Cuando en la impermeabilización se utilice etileno propileno dieno monómero, será necesario tener en cuenta los siguientes aspectos:

1. Cuando la pendiente de la cubierta sea mayor que 15%, deben utilizarse sistemas fijados mecánicamente.
2. Cuando la cubierta no tenga protección, deben utilizarse sistemas adheridos o fijados mecánicamente.
3. Cuando se utilicen sistemas no adheridos, debe emplearse una capa de protección pesada.

Definición

Etileno propileno dieno monómero

El Etileno Propileno Dieno Monómero (EPDM), también conocido como Etileno Propileno Terpolímero (EPT), es un caucho sintético que presenta una extraordinaria resistencia al calor, ozono e intemperie.

Es un material que presenta unas propiedades generales relativamente buenas, destacando fundamentalmente en su inmunidad al envejecimiento.

EPDM

Poliolefinas

Las poliolefinas son plásticos que destacan, entre otras cosas, por su gran capacidad de impermeabilización. Cuando se utilicen estos materiales para constituir las capas de impermeabilización, el CTE exige que se utilicen láminas de alta flexibilidad.

Lámina de impermeabilización de poliolefina termoplástica

Sistema de placas

En la impermeabilización por placas, el CTE exige:

1. El solapo de las placas debe establecerse de acuerdo con la pendiente del elemento que les sirve de soporte y de otros factores relacionados con la situación de la cubierta, tales como zona eólica, tormentas y altitud topográfica.
2. Debe recibirse o fijarse al soporte una cantidad de piezas suficiente para garantizar su estabilidad dependiendo de la pendiente de la cubierta, del tipo de piezas y del solapo de las mismas, así como de la zona geográfica del emplazamiento del edificio.

Actividades

18. Realice un esquema con las condiciones que deben cumplir lo materiales que el CTE considera como válidos para constituir las capas de impermeabilización de las cubiertas.

6.4. Cámaras de aire

Cuando se disponga una cámara de aire, esta debe situarse en el lado exterior del aislante térmico y ventilarse mediante un conjunto de aberturas de tal forma que el cociente entre su área efectiva total, S_s, en cm^2, y la superficie de la cubierta, A_c, en m^2 cumpla la siguiente condición:

$$30 > S_s/A_c > 3$$

Detalle de cubierta con dos cámaras de aire

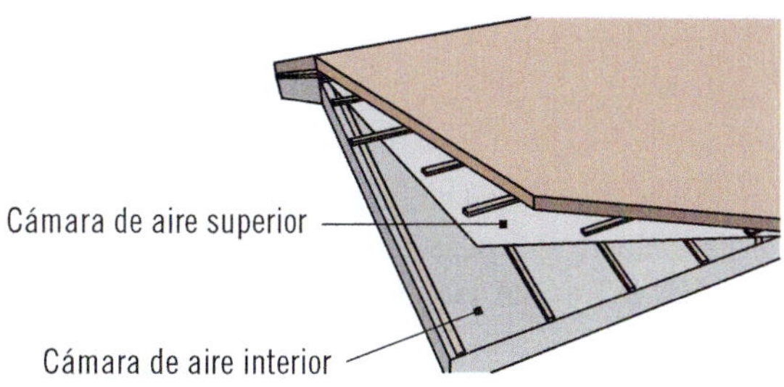

19. Ponga ejemplos de valores válidos y razonables para los datos de S_s y A_c que cumplan con las exigencias del CTE.

6.5. Capa de protección

Cuando se disponga una capa de protección, el CTE exige que el material que forma la capa sea resistente a la intemperie en función de las condiciones ambientales previstas y además, debe tener un peso suficiente para contrarrestar la succión del viento.

Para las capas de protección se pueden usar los siguientes materiales u otros que produzcan el mismo efecto:

- Cuando la cubierta no sea transitable: grava, solado fijo o flotante, mortero, tejas y otros materiales que conformen una capa pesada y estable.
- Cuando la cubierta sea transitable para peatones: solado fijo, flotante o capa de rodadura.
- Cuando la cubierta sea transitable para vehículos: capa de rodadura.

Definición

Capa de rodadura
Las capas de rodadura son superficies de rodamiento que son capaces de resistir las presiones verticales de contacto aplicadas por los neumáticos de los vehículos así como las tensiones tangenciales de frenado, las succiones provocadas por los neumáticos, etc.

6.6. Soluciones de puntos singulares

En este apartado se enunciarán las exigencias, respecto a la protección frente a la humedad, que el CTE establece para los encuentros y demás puntos singulares que se pueden dar en la construcción de cubiertas.

Cubiertas planas

Cuando se trate de cubiertas planas, deben respetarse las condiciones de disposición de bandas de refuerzo y de terminación, las de continuidad o discontinuidad, así como cualquier otra que afecte al diseño, relativas al sistema de impermeabilización que se emplee.

Juntas de dilatación

Respecto a las juntas de dilatación, el CTE exige:

1. Deben disponerse juntas de dilatación de la cubierta y las que sean contiguas no pueden separarse más de 15 m. Siempre que exista un encuentro con un paramento vertical o una junta estructural debe disponerse una junta de dilatación coincidiendo con ellos. Las juntas deben afectar a las distintas capas de la cubierta a partir del elemento que sirva de soporte resistente. Los bordes de las juntas de dilatación deben ser romos, con un ángulo de 45° aproximadamente, y la anchura de la junta debe ser mayor que 3 cm.

2. Cuando la capa de protección sea de solado fijo, deben disponerse juntas de dilatación en la misma. Estas juntas deben afectar a las piezas, al mortero de agarre así como a la capa de asiento del solado y deben disponerse de la siguiente forma:

   a. Coincidiendo con las juntas de la cubierta.
   b. En el perímetro exterior e interior de la cubierta y en los encuentros con paramentos verticales y elementos pasantes.
   c. En cuadrícula, situadas a 5 m como máximo en cubiertas no ventiladas y a 7,5 m como máximo en cubiertas ventiladas, de manera que las dimensiones de los paños entre las juntas guarden como máximo la relación 1:1,5.

3. En las juntas debe colocarse un sellante dispuesto sobre un relleno introducido en su interior. El sellado debe quedar enrasado con la superficie de la capa de protección de la cubierta.

Encuentro de la cubierta con un paramento vertical

En los encuentros de la cubierta con un paramento vertical, es necesario tener en cuenta las siguientes exigencias establecidas en el CTE:

1. La impermeabilización debe prolongarse por el paramento vertical hasta una altura de, al menos, 20 cm por encima de la protección de la cubierta (ver la siguiente imagen).
2. El encuentro de la impermeabilización con el paramento de debe realizarse redondeándose con un radio de curvatura de 5 cm aproximadamente o achaflanándose una medida análoga según el sistema de impermeabilización.
   Definición de achaflanar: achaflanar consiste en construir un canto que tenga forma de bisel o chaflán.

Ejemplo de encuentro cubierta-paramento vertical

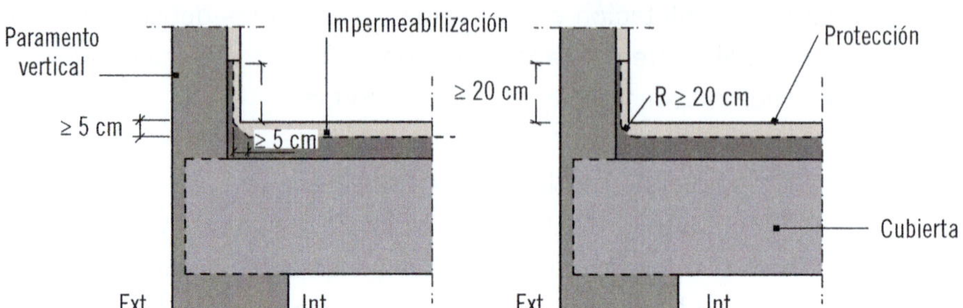

3. Para que el agua de las precipitaciones o la que se deslice por el paramento no se filtre por el remate superior de la impermeabilización, dicho remate debe realizarse de alguna de las formas que se listan a continuación (también se puede elegir cualquier otra que produzca el mismo efecto):

   a. Mediante una roza de 3x3 cm como mínimo en la que debe recibirse la impermeabilización con mortero en bisel formando aproximadamente un ángulo de 30° con la horizontal y redondeándose la arista del paramento;
   b. Mediante un retranqueo cuya profundidad con respecto a la superficie externa del paramento vertical debe ser mayor que 5 cm y cuya altura por encima de la protección de la cubierta debe ser mayor que 20 cm.
   c. Mediante un perfil metálico inoxidable provisto de una pestaña al menos en su parte superior, que sirva de base a un cordón de sellado entre el perfil y el muro. Si en la parte inferior no lleva pestaña, la arista debe ser redondeada para evitar que pueda dañarse la lámina.

Aplicación práctica

El encuentro de la cubierta con un paramento vertical de un edificio tiene las características que se muestran en la siguiente imagen:

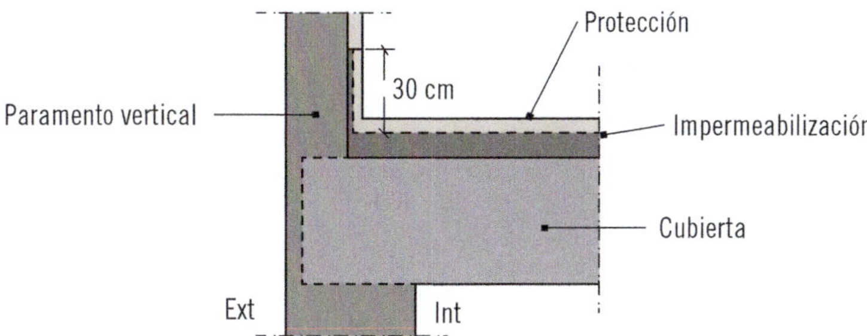

A la vista de la información que proporciona la imagen, ¿qué aspectos no cumplen con las exigencias establecidas en el CTE respecto al encuentro de cubiertas con paramentos verticales?

SOLUCIÓN

En la imagen se aprecia claramente que, en el encuentro del paramento con la lámina de impermeabilización, esta carece de curvatura o chaflán. Esto no cumple con una de las condiciones del CTE, la cual exige que el encuentro de la impermeabilización con el paramento se realice redondeándose con un radio de curvatura de 5 cm aproximadamente o achaflanándose una medida análoga según el sistema de impermeabilización.

Encuentro de la cubierta con el borde lateral

Este encuentro debe realizarse mediante una de las formas siguientes:

- Prolongando la impermeabilización 5 cm como mínimo sobre el frente del alero o el paramento;
- Disponiéndose un perfil angular con el ala horizontal, que debe tener una anchura mayor que 10 cm, anclada al faldón de tal forma que el

ala vertical descuelgue por la parte exterior del paramento a modo de goterón y prolongando la impermeabilización sobre el ala horizontal.

Definición

Alero

El alero es el extremo inferior de un tejado que sobresale del paramento y sirve para expulsar el agua de las precipitaciones sin que estas discurran por la pared.

Alero

Encuentro de la cubierta con un sumidero o un canalón

Para los encuentros de la cubierta con un sumidero o un canalón, el CTE exige que se tengan en cuenta las siguientes consideraciones:

1. El sumidero o el canalón debe ser una pieza prefabricada, de un material compatible con el tipo de impermeabilización que se utilice y debe disponer de un ala de 10 cm de anchura como mínimo en el borde superior.

Definición de sumidero: es un hueco cubierto por una rejilla que tiene la misión de recoger y evacuar el agua. Este elemento se utiliza en patios, azoteas y en lugares donde confluyen los planos de distintas vertientes.

Definición de canalón: un canalón es un conducto que se sitúa en los tejados para recoger y evacuar el agua.

2. El sumidero o el canalón debe estar provisto de un elemento de protección para retener los sólidos que puedan obstruir la bajante. En cubiertas transitables este elemento debe estar enrasado con la capa de protección y en cubiertas no transitables debe sobresalir de la capa de protección.
3. El elemento que sirve de soporte de la impermeabilización debe rebajarse alrededor de los sumideros o en todo el perímetro de los canalones (ver la siguiente imagen) lo suficiente para que después de haberse dispuesto el impermeabilizante siga existiendo una pendiente adecuada para la evacuación de agua.

Rebaje del soporte alrededor de los sumideros

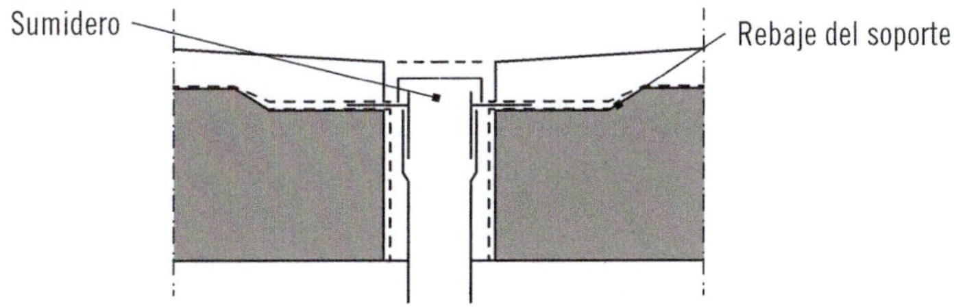

4. La impermeabilización debe prolongarse 10 cm como mínimo por encima de las alas.
5. La unión del impermeabilizante con el sumidero o el canalón debe ser estanca.
6. Cuando el sumidero se disponga en la parte horizontal de la cubierta, debe situarse separado 50 cm como mínimo de los encuentros con los paramentos verticales o con cualquier otro elemento que sobresalga de la cubierta.
7. El borde superior del sumidero debe quedar por debajo del nivel de escorrentía de la cubierta.

8. Cuando el sumidero se disponga en un paramento vertical, el sumidero debe tener sección rectangular. Debe disponerse un impermeabilizante que cubra el ala vertical, que se extienda hasta 20 cm como mínimo por encima de la protección de la cubierta y cuyo remate superior se haga según lo descrito en el apartado "Encuentro de la cubierta con un paramento vertical".
9. Cuando se disponga un canalón su borde superior debe quedar por debajo del nivel de escorrentía de la cubierta y debe estar fijado al elemento que sirve de soporte.
10. Cuando el canalón se disponga en el encuentro con un paramento vertical, el ala del canalón de la parte del encuentro debe ascender por el paramento y debe disponerse una banda impermeabilizante que cubra el borde superior del ala, de 10 cm como mínimo de anchura centrada sobre dicho borde resuelto según lo descrito en el apartado "Encuentro de la cubierta con un paramento vertical".

Rebosaderos

Los rebosaderos son conductos a través de los cuales se expulsa el agua de un depósito cuando el nivel sobrepasa la capacidad del mismo.

Respecto a la disposición de estos elementos en las cubiertas, el CTE exige que:

1. En las cubiertas planas que tengan un paramento vertical que las delimite en todo su perímetro, deben disponerse rebosaderos en los siguientes casos:

    a. Cuando en la cubierta exista una sola bajante.
    b. Cuando se prevea que, si se obtura una bajante, debido a la disposición de las bajantes o de los faldones de la cubierta, el agua acumulada no pueda evacuar por otras bajantes.
    c. Cuando la obturación de una bajante pueda producir una carga en la cubierta que comprometa la estabilidad del elemento que sirve de soporte resistente.

Cubierta plana con paramento vertical

2. La suma de las áreas de las secciones de los rebosaderos debe ser igual o mayor que la suma de las de las bajantes que evacuan el agua de la cubierta o de la parte de la cubierta a la que sirvan.
3. El rebosadero debe disponerse a una altura intermedia entre la del punto más bajo y la del más alto de la entrega de la impermeabilización al paramento vertical (ver la siguiente imagen) y en todo caso a un nivel más bajo de cualquier acceso a la cubierta.
4. El rebosadero debe sobresalir 5 cm como mínimo de la cara exterior del paramento vertical y disponerse con una pendiente favorable a la evacuación.

Rebosadero

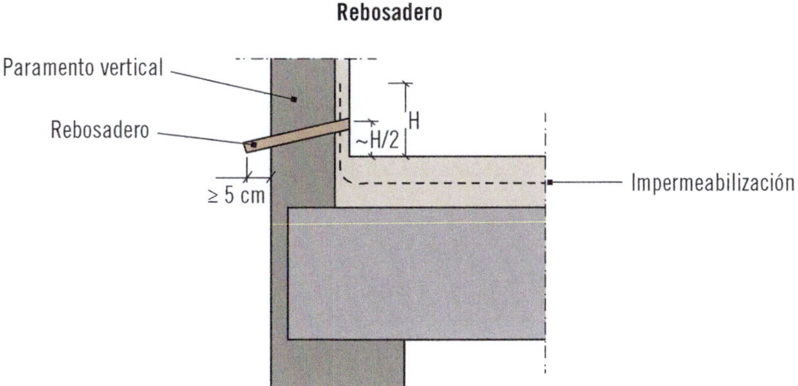

Aplicación práctica

En el estudio de la eficiencia energética de una edificación, te encuentras con una cubierta plana totalmente delimitada por un paramento vertical. Esta cubierta dispone únicamente de una sola bajante y, a lo largo de todo su paramento, se disponen rebosaderos con las siguientes características:

- **Distancia del rebosadero a punto más bajo de la entrega de la impermeabilización al paramento vertical: 6 cm.**
- **Distancia del rebosadero a punto más alto de la entrega de la impermeabilización al paramento vertical: 6 cm.**
- **Distancia que sobresale el rebosadero de la cara exterior del paramento vertical: 5,5 cm.**

Razone si estas distancias son apropiadas según lo establecido en el CTE.

SOLUCIÓN

Según el CTE, la cubierta objeto de la presente aplicación práctica requiere que se dispongan de rebosaderos debido a que:

- Se trata de una cubierta plana totalmente delimitada por un paramento vertical.
- Dispone de una única bajante.

El CTE establece que los rebosaderos deben disponerse a una altura intermedia entre la del punto más bajo y la del más alto de la entrega de la impermeabilización al paramento vertical. Este requisito se cumple en la cubierta objeto de la presente aplicación práctica ya que los rebosaderos se sitúan justo en el centro (6 cm por arriba y 6 cm por abajo) de la distancia que hay entre el punto más alto y el punto más bajo de la entrega de la impermeabilización al paramento vertical.

Respecto a la distancia que sobresale cada rebosadero de la cara exterior de paramento vertical también es correcta según lo establecido en el CTE ya que esta normativa exige que sobresalgan, al menos, 5 cm (sobresale 5,5 cm).

Encuentro de la cubierta con elementos pasantes

Respecto al encuentro de la cubierta plana con elementos pasantes, el CTE establece las siguientes exigencias:

1. Los elementos pasantes deben situarse separados 50 cm como mínimo de los encuentros con los paramentos verticales y de los elementos que sobresalgan de la cubierta.
   Definición de elemento pasante: los elementos pasantes son aquellos que atraviesa un elemento constructivo. Estos son las bajantes y las chimeneas que atraviesan las cubiertas.
2. Deben disponerse elementos de protección prefabricados o realizados *in situ,* que deben ascender por el elemento pasante 20 cm como mínimo por encima de la protección de la cubierta.

Chimeneas en cubierta plana

Anclaje de elementos

El CTE establece que los anclajes de elementos se realicen de alguna de las maneras que se muestran a continuación:

a. Sobre un paramento vertical por encima del remate de la impermeabilización.

b. Sobre la parte horizontal de la cubierta de forma análoga a la establecida para los encuentros con elementos pasantes o sobre una bancada apoyada en la misma.

Rincones y esquinas

El CTE exige que, en los rincones y en las esquinas se dispongan de elementos de protección prefabricados o realizados *in situ* hasta una distancia de 10 cm como mínimo desde el vértice formado por los dos planos que conforman el rincón o la esquina y el plano de la cubierta.

Accesos y aberturas

Para los accesos y las cubiertas, el CTE establece las siguientes condiciones:

1. Los accesos y las aberturas situados en un paramento vertical deben realizarse de una de las formas siguientes:

    a. Disponiendo un desnivel de 20 cm de altura como mínimo por encima de la protección de la cubierta, protegido con un impermeabilizante que lo cubra y que ascienda por los laterales del hueco hasta una altura de 15 cm como mínimo por encima de dicho desnivel.
    b. Disponiéndolos retranqueados respecto del paramento vertical 1 m como mínimo. El suelo hasta el acceso debe tener una pendiente del 10% hacia fuera y debe ser tratado como la cubierta, excepto para los casos de accesos en balconeras que vierten el agua libremente sin antepechos, donde la pendiente mínima es del 1%.

2. Los accesos y las aberturas situados en el paramento horizontal de la cubierta deben realizarse disponiendo alrededor del hueco un antepecho de una altura por encima del la protección de la cubierta de 20 cm como mínimo e impermeabilizado según lo descrito en el apartado “Encuentro de la cubierta con un paramento vertical”.

Cubiertas inclinadas

Cuando se trate de cubiertas inclinadas, el CTE exige que se respeten las condiciones de disposición de bandas de refuerzo y de terminación, las de continuidad o discontinuidad, así como cualquier otra que afecte al diseño, relativas al sistema de impermeabilización que se emplee.

Edificios con cubiertas inclinadas

Encuentro de la cubierta con un paramento vertical

El CTE establece las siguientes exigencias relacionadas con los encuentros de las cubiertas inclinadas con paramentos verticales:

1. En el encuentro de la cubierta con un paramento vertical deben disponerse elementos de protección prefabricados o realizados *in situ.*
2. Los elementos de protección deben cubrir como mínimo una banda del paramento vertical de 25 cm de altura por encima del tejado y su remate debe realizarse de forma similar a la descrita en el apartado correspondiente a las cubiertas planas.
3. Cuando el encuentro se produzca en la parte inferior del faldón, debe disponerse un canalón y realizarse según lo dispuesto en el apartado "Canalones" (ver más adelante).
   Definición de faldón: se conoce como faldón a cada uno de los planos que forman parte de una cubierta inclinada.

4. Cuando el encuentro se produzca en la parte superior o lateral del faldón, los elementos de protección deben colocarse por encima de las piezas del tejado y prolongarse 10 cm como mínimo desde el encuentro (ver la siguiente figura).

Encuentro en la parte superior del faldón

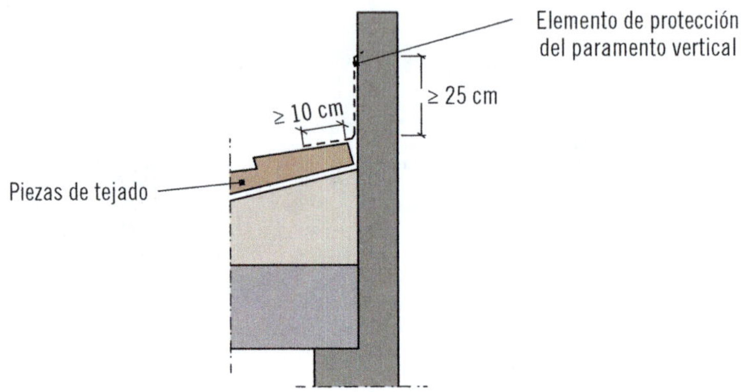

Alero

Respecto a los aleros, el CTE establece las siguientes consideraciones:

1. Las piezas del tejado deben sobresalir 5 cm como mínimo y media pieza como máximo del soporte que conforma el alero.
2. Cuando el tejado sea de pizarra o de teja, para evitar la filtración de agua a través de la unión de la primera hilada del tejado y el alero, debe realizarse en el borde un recalce de asiento de las piezas de la primera hilada de tal manera que tengan la misma pendiente que las de las siguientes, o debe adoptarse cualquier otra solución que produzca el mismo efecto.

Borde lateral

En el borde lateral deben disponerse piezas especiales que vuelen lateralmente más de 5 cm o baberos protectores realizados *in situ*. En el último caso el borde puede rematarse con piezas especiales o con piezas normales que vuelen 5 cm.

Definición

Vuelo
En la construcción, se conoce como vuelo a la parte de un elemento que sobresale fuera del paramento que la sostiene.

Babero
En la construcción, un babero consiste en una chapa de metal que se dispone en la base de la unión entre chimeneas y demás salientes de una cubierta, y el faldón, para impedir el paso del agua de lluvia.

Ejemplo de babero

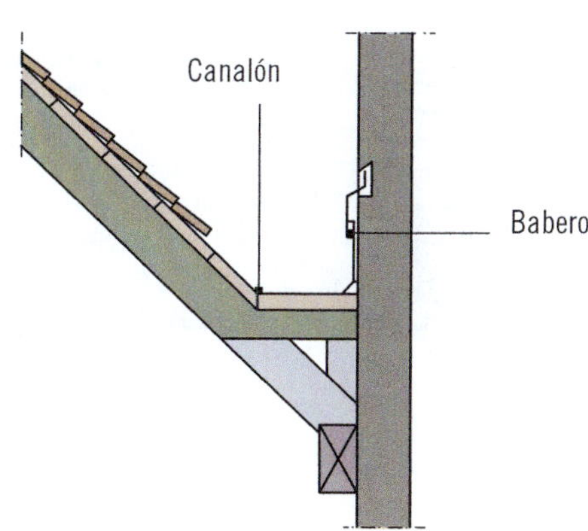

Limahoyas

Las limahoyas son las líneas de desagüe de una cubierta cuando el encuentro de los faldones forma un ángulo cóncavo respecto al exterior. El CTE establece las siguientes exigencias respecto a la presencia de estos elementos en las cubiertas inclinadas:

1. En las limahoyas deben disponerse elementos de protección prefabricados o realizados *in situ.*
2. Las piezas del tejado deben sobresalir 5 cm como mínimo sobre la limahoya.
3. La separación entre las piezas del tejado de los dos faldones debe ser 20 cm como mínimo.

Actividades

20. ¿En cuál de las siguientes cubiertas aparece una limahoya? Razone su respuesta.

Cumbreras y limatesas

Respecto a las cumbreras y limatesas de las cubiertas inclinadas, el CTE exige:

1. En las cumbreras y limatesas deben disponerse piezas especiales, que deben solapar 5 cm como mínimo sobre las piezas del tejado de ambos faldones.

2. Las piezas del tejado de la última hilada horizontal superior y las de la cumbrera y la limatesa deben fijarse.
3. Cuando no sea posible el solape entre las piezas de una cumbrera en un cambio de dirección o en un encuentro de cumbreras este encuentro debe impermeabilizarse con piezas especiales o baberos protectores.

Definición

Cumbrera
Es la arista más alta en la intersección de los distintos planos de una cubierta inclinada.

Limatesas
Las limatesas son las aristas que separan los faldones de una cubierta inclinada en el caso en el que dichos faldones formen un ángulo convexo respecto al exterior.

Actividades

21. ¿Qué diferencia hay entre una limahoya y una limatesa?

Encuentro de la cubierta con elementos pasantes

Respecto al encuentro de la cubierta inclinada con elementos pasantes, el CTE exige que se tengan en cuenta las siguientes consideraciones:

1. Los elementos pasantes no debe disponerse en las limahoyas.
2. La parte superior del encuentro del faldón con el elemento pasante debe resolverse de tal manera que se desvíe el agua hacia los lados del mismo.

3. En el perímetro del encuentro deben disponerse elementos de protección prefabricados o realizados *in situ,* que deben cubrir una banda del elemento pasante por encima del tejado de 20 cm de altura como mínimo.

Lucernarios

Cuando la cubierta inclinada tenga lucernarios, es necesario tener en cuenta las siguientes exigencias establecidas por el CTE:

1. Deben impermeabilizarse las zonas del faldón que estén en contacto con el precerco o el cerco del lucernario mediante elementos de protección prefabricados o realizados *in situ.*
2. En la parte inferior del lucernario, los elementos de protección deben colocarse por encima de las piezas del tejado y prolongarse 10 cm como mínimo desde el encuentro y en la superior por debajo y prolongarse 10 cm como mínimo.

Lucernarios

Anclaje de elementos

Para los anclajes de los elementos, el CTE exige que se cumplan las siguientes exigencias:

1. Los anclajes no deben disponerse en las limahoyas.
2. Deben disponerse elementos de protección prefabricados o realizados *in situ,* que deben cubrir una banda del elemento anclado de una altura de 20 cm como mínimo por encima del tejado.

Canalones

Respecto a los canalones, el CTE exige:

1. Para la formación del canalón deben disponerse elementos de protección prefabricados o realizados *in situ.*
2. Los canalones deben disponerse con una pendiente hacia el desagüe del 1% como mínimo.
3. Las piezas del tejado que vierten sobre el canalón deben sobresalir 5 cm como mínimo sobre el mismo.
4. Cuando el canalón sea visto, debe disponerse el borde más cercano a la fachada de tal forma que quede por encima del borde exterior del mismo.
5. Cuando el canalón esté situado junto a un paramento vertical se deben cumplir:

    a. Cuando el encuentro sea en la parte inferior del faldón, los elementos de protección deben disponerse por debajo de las piezas del tejado de tal forma que cubran una banda a partir del encuentro de 10 cm de anchura como mínimo (ver la siguiente imagen).
    b. Cuando el encuentro sea en la parte superior del faldón, los elementos de protección deben disponerse por encima de las piezas del tejado de tal forma que cubran una banda a partir del encuentro de 10 cm de anchura como mínimo (ver la siguiente imagen).
    c. Deben disponerse elementos de protección prefabricados o realizados in situ de tal forma que cubran una banda del paramento vertical por encima del tejado de 25 cm como mínimo y su remate se realice de forma similar a la descrita para cubiertas planas (ver la siguiente imagen).

Canalones

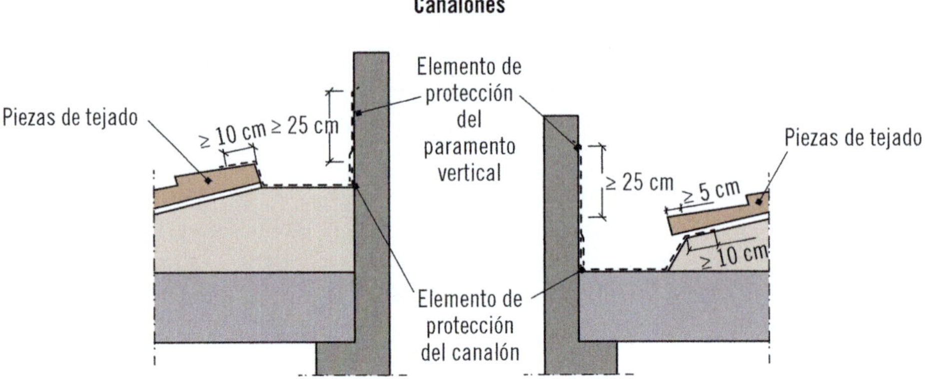

6. Cuando el canalón esté situado en una zona intermedia del faldón debe disponerse de tal forma que:

   a. El ala del canalón se extienda por debajo de las piezas del tejado 10 cm como mínimo.
   b. La separación entre las piezas del tejado a ambos lados del canalón sea de 20 cm como mínimo.
   c. El ala inferior del canalón debe ir por encima de las piezas del tejado.

7. Características de los revestimientos de impermeabilización

Los revestimientos de impermeabilización se aplican a la superficie de ciertos elementos constructivos para incrementar el grado de estanqueidad de los mismos frente al paso del agua por filtración.

Las características más importantes que deben tener los revestimientos de impermeabilización para que cumplan su función, son:

- Deben proporcionar la máxima estanqueidad frente al paso del agua a través del elemento constructivo donde se apliquen.
- Deben garantizar la ausencia de poros y la eliminación de juntas.

- Deben presentar un grado de elasticidad adecuado para soportar las retracciones y demás movimientos previstos del material donde vallan adheridos.
- Deben tener un grado de adherencia adecuado para la superficie donde se apliquen.
- Deben ser resistentes a las inclemencias meteorológicas, así como a la corrosión por agentes químicos.

Impermeabilización de una terraza

8. Permeabilidad al aire de huecos y lucernarios

Respecto a la permeabilidad al aire de los huecos y lucernarios, el CTE establece (en el DB HE Ahorro de Energía):

1. Las carpinterías de los huecos (ventanas y puertas) y lucernarios de los cerramientos se caracterizan por su permeabilidad al aire.
2. La permeabilidad de las carpinterías de los huecos y lucernarios de los cerramientos que limitan los espacios habitables de los edificios con el ambiente exterior se limita en función del clima de la localidad en la que se ubican, según la zonificación climática establecida en el apartado 3.1.1 del CTE DB HE Ahorro de Energía.
3. La permeabilidad al aire de las carpinterías, medida con una sobrepresión de 100 Pa, tendrá unos valores inferiores a los siguientes:

a. Para las zonas climáticas A y B: 50 $m^3/h\ m^2$.
b. Para las zonas climáticas C, D y E: 27 $m^3/h\ m^2$.

Actividades

22. ¿Qué permeabilidad al aire máxima pueden tener, según CTE, los huecos y lucernarios de los edificios de su localidad?

Aplicación práctica

Está comprobando la limitación de la demanda energética de una vivienda unifamiliar ubicada en Valencia (capital). Si la permeabilidad al aire de los huecos de la vivienda tiene un valor de 45 $m^3/h\ m^2$, ¿se está cumpliendo la normativa en este sentido?

SOLUCIÓN

Lo primero que es necesario determinar es la zona climática donde está ubicada la vivienda. Al estar ubicada en Valencia (capital), esta zona climática corresponde a la B3 (ver CTE).

Para esta zona, el CTE exige que la permeabilidad al aire de los huecos de la vivienda tenga un valor inferior a 50 $m^3/h\ m^2$. Al tener un valor de 45 $m^3/h\ m^2$, se está cumpliendo la normativa en este sentido.

9. Resumen

La presencia de humedad en los cerramientos de las edificaciones, ya sea causada por filtraciones o condensaciones, puede provocar efectos muy graves como pueden ser la reducción de la capacidad aislante de los cerramientos y el deterioro estructural de los elementos constructivos y demás bienes contenidos en los edificios.

En este capítulo se han estudiado principalmente las condiciones respecto a la protección frente a la humedad que el CTE exige para las diferentes soluciones constructivas de los edificios. En resumen, se han expuesto:

- Concepto de grado de impermeabilidad y valores mínimos exigidos para los diferentes elementos constructivos.
- Condiciones exigidas a las soluciones constructivas de:
    - Muros.
    - Suelos.
    - Fachadas.
    - Cubiertas.
- Características fundamentales que deben tener los revestimientos de impermeabilización.
- Permeabilidad al aire exigida para los huecos y lucernarios.

Ejercicios de repaso y autoevaluación

1. **¿Qué es el grado de impermeabilidad?**

____
____
____
____

2. **Complete la siguiente oración.**

El grado de impermeabilidad mínimo que se exige para los muros que están en contacto con el terreno frente a la penetración del agua del mismo y de las escorrentías viene determinado según sean: el ______________ y el ______________.

3. **Cuando la cara inferior del suelo que está en contacto con el terreno se encuentra a dos o más metros por debajo del nivel freático, se considera que el nivel de presencia de agua es:**

   a. Alto.
   b. Medio.
   c. Bajo.
   d. Todas las opciones son incorrectas.

4. **¿Qué es la altura de coronación de un edificio?**

____
____

5. **¿Qué es necesario conocer para determinar el grado de exposición al viento de un edificio?**

____
____
____
____

6. Los materiales que se utilizan para evitar la penetración o paso de agua a través de un elemento, se denominan...

a. ... aislantes.
b. ... hidrófugos.
c. ... permeables.
d. ... bentoníticos.

7. Complete la siguiente oración.

Las ____________ son técnica de recalce que consiste en reforzar o consolidar un terreno de cimentación mediante la introducción, en el mismo, de un ____________ de cemento fluido a presión. Esto se hace con el fin de que se rellenen los ____________ existentes.

8. ¿Qué diferencia hay entre los revestimientos continuos y los discontinuos?

____
____
____
____

9. En los encuentros de las fachadas con la carpintería, cuando la carpintería esté retranqueada respecto del paramento exterior de la fachada, el CTE exige que el vierteaguas tenga una pendiente mínima de...

a. ... 5°.
b. ... 10°.
c. ... 12°.
d. ... 15°.

10. Complete las siguientes oraciones.

Se conoce como ______________ al conjunto de elementos constructivos que se emplean para completar los huecos de una edificación. Las ______________ y puertas son claros ejemplos de elementos de ______________.

El CTE exige que las cubiertas dispongan, entre otros elementos, de un sistema de formación de ________________ cuando la cubierta sea ________________ o ________________ y su soporte resistente no tenga la ________________ adecuada al tipo de protección y de impermeabilización que se vaya a utilizar.

11. El elemento constructivo que se dispone para evitar que el agua de lluvia discurra por una determinada superficie, se denomina...

a. ... junta.
b. ... paño.
c. ... goterón.
d. ... alféizar.

12. ¿Qué son las limahoyas?

____
____

13. Los elementos que atraviesan un elemento constructivo se denominan...

a. ... aleros.
b. ... limas.
c. ... pasantes.
d. Todas las opciones son incorrectas.

14. Enumere las características que deben tener los revestimientos de impermeabilización.

____
____
____
____
____
____
____

15. Para las zonas climáticas C, D o E, el CTE exige que la permeabilidad al aire de los huecos y lucernarios de los edificios no sea mayor de...

a. ... 10 $m^3/h\ m^2$.
b. ... 23 $m^3/h\ m^2$.
c. ... 27 $m^3/h\ m^2$.
d. ... 50 $m^3/h\ m^2$.

Capítulo 4

Aislamiento térmico en la edificación

Contenido

1. Introducción

El aislamiento térmico de un edificio consiste en conseguir que sus elementos que están en contacto con el exterior incrementen su grado de resistencia frente paso del calor. Esto se consigue disponiendo materiales aislantes en muros exteriores, cubiertas, suelos, tabiques y huecos.

Es importante tener en cuenta que el correcto aislamiento térmico de los edificios puede suponer ahorros energéticos, económicos y de emisiones de dióxido de carbono del 30 %. Esto se debe fundamentalmente al descenso de la demanda de la energía térmica en los mismos.

La aprobación del Código Técnico de la Edificación (por el Real Decreto 314/2006) supone, para este sector, la necesidad de considerar medidas de eficiencia energética en el proyecto de los edificios. Estas medidas tiene la finalidad de reducir notablemente el consumo de energía en el sector mediante la construcción de edificios que demanden menos energía y que alcancen el mismo nivel de confort en su interior.

2. Concepto de transmitancia y resistencia térmica

Aunque ya se mencionaron anteriormente, a continuación se estudiará el significado de transmitancia y resistencia térmica, dos conceptos fundamentales en el ámbito de la eficiencia energética en la edificación.

2.1. Transmitancia térmica

La transmitancia térmica **(U)** es la cantidad de calor que atraviesa un elemento constructivo por tiempo, área y diferencia de temperatura. Este parámetro se mide en W/m^2K y, conforme más bajo sea su valor, mejor será el aislamiento del componente en cuestión.

Una de las opciones de verificación que el DB-HE-1 establece para el cumplimiento de sus objetivos consiste en comparar los valores de transmitancia térmica de los diversos cerramientos que componen la envolvente del edificio, con los valores límite de transmitancia (Um), para la zona climatológica que corresponda. Esto es aplicable siempre que el porcentaje de huecos de cada fachada sea inferior al 60 % de su superficie. Asimismo, en relación a la superficie acristalada o envidrada, se hará la comprobación comparando con el Factor Solar modificado establecido como límite.

Definición

Envolvente térmica
La envolvente térmica de un edificio está compuesta por todos los cerramientos que limitan los espacios habitables con el ambiente exterior (aire o terreno u otro edificio) y por todas las particiones interiores que limitan los espacios habitables con los espacios no habitables que estén en contacto con el ambiente exterior.

2.2. Resistencia térmica

La resistencia térmica es la capacidad que tiene un material para oponerse al flujo del calor. Cuando se trate de materiales homogéneos, la resistencia térmica de estos se determina dividiendo su grosor entre la conductividad térmica que presenten. Cuando se trate de materiales no homogéneos, la resistencia térmica es el inverso de la conductancia térmica (similar a la conductividad térmica pero referida a los materiales no homogéneos).

La fibra de vidrio es un buen aislante. Esto se debe a su baja conductividad térmica.

Recuerde

La conductividad térmica es una propiedad física de los materiales que mide la capacidad que tienen para conducir el calor.

Actividades

1. Ponga ejemplos de materiales que presenten transmitancias térmicas muy diferentes.
2. Ponga ejemplos de materiales que presenten una baja conductividad térmica.

3. Tipos de soluciones de aislamiento térmico

En este apartado se estudiarán los tipos de soluciones que se suelen utilizar para el aislamiento térmico de edificios según sea el elemento constructivo que se aísle.

3.1. Aislamiento térmico de suelos

Como ya se comentó anteriormente, una parte importante de las pérdidas de energía que se producen en los edificios (hasta un 20%), se dan lugar a través de los suelos, ya sean aquellos que están en contacto directo con el terreno (solera), los que se sitúan sobre una cámara ventilada no accesible (cámaras sanitarias) o los que se ubican directamente sobre espacios no calefactados o exteriores. Además, es importante tener en cuenta que la temperatura superficial del suelo puede ser mucho más baja que la temperatura ambiente, lo cual afectaría negativamente en el confort y aumentaría el riesgo de producirse condensaciones superficiales. Todo esto se soluciona con la colocación de un aislante térmico que sea adecuando para utilizarse en suelos.

Solera

Además de la calidad de aislamiento térmico del aislante, se hace necesario considerar otras propiedades que aseguren su durabilidad.

En los suelos, el aislante estará continuamente sometido a cargas y, dada su ubicación, será más probable que entre en contacto directo con agua (procedente del terreno, de condensaciones, o también de la propia humedad de obra). Todo esto hace que el aislante deba presentar una resistencia adecuada tanto a la compresión como a la absorción de agua.

Aplicación práctica

En la rehabilitación energética de una vivienda, al analizar el estado del aislante del suelo de una estancia, detecta que dicho aislante se encuentra excesivamente adelgazado (comprimido). Demuestre matemáticamente cómo esto puede afectar en aislamiento térmico de la estancia.

SOLUCIÓN

La resistencia térmica de un elemento homogéneo se puede determinar dividiendo su espesor entre su conductividad térmica. Si un material presenta un espesor de, por ejemplo 1 cm y tiene una conductividad térmica de 0,05 W/mK, su resistencia térmica (R) será:

Continúa en página siguiente >>

<< Viene de página anterior

$$R = 0{,}01/0{,}05 = 0{,}2\ m^2K/W$$

Si este mismo material tuviera un espesor más pequeño (5 mm), su resistencia térmica sería:

$$R = 0{,}005/0{,}05 = 0{,}1\ m^2K/W$$

Este ejemplo ha servido para demostrar que, cuando el espesor de un material disminuye, también lo hace su resistencia térmica.

Soluciones para suelos

En el aislamiento térmico de suelos, la colocación del aislante se suele efectuar de las siguientes maneras:

- **Sobre forjado o solera (y bajo pavimento).** Esta solución cosiste en apoyar el aislante directamente sobre el forjado o solera, sin necesidad de establecer fijación alguna.
- **Sobre el terreno (y bajo solera).** Para este tipo de solución, si hay encachado, es necesario asegurar una superficie de apoyo regular y continua para el material aislante. Si se dispone un film plástico como barrera impermeable, es recomendable situarlo sobre el aislante, en su cara caliente.
- **Bajo forjado.** En la colocación del aislante térmico bajo un forjado, si debajo de este hay un sótano u otro espacio accesible, el aislante puede ir fijado mecánicamente.

3.2. Aislamiento de cerramientos verticales

Antes de la aprobación de las normativas que regulan las condiciones térmicas de los edificios, se solían emplear cámaras de aire como única forma de mejorar el aislamiento térmico de los cerramientos. Esto proporcionaba muy poca resistencia térmica adicional a estos elementos constructivos en comparación a la que ofrecen los aislantes térmicos actuales.

Sabía que...

Con los aislantes actuales se aumenta entre 5 y 10 veces más del valor de resistencia térmica respecto a la que proporcionan las cámaras de aire.

Por lo general, la solución de colocar el aislante térmico en la cámara de aire de los cerramientos conlleva ciertas dificultades relacionadas con las patologías de humedades que pueden sufrir, las cuales debilitan las prestaciones térmicas que estos ofrecen. Por esto, se hace necesario tener en cuenta las siguientes consideraciones:

- Se hace necesario dejar, entre la cara interior de la hoja exterior del cerramiento y el aislante, una cámara de aire ventilada, o bien, impermeabilizar esta cara interna del muro para evitar que el agua de lluvia entre en contacto con el aislamiento. Además, la ventilación puede favorecer a que la humedad de condensación procedente del interior del edificio se seque.

Esquema de ejemplo de colocación de aislante térmico en un cerramiento vertical

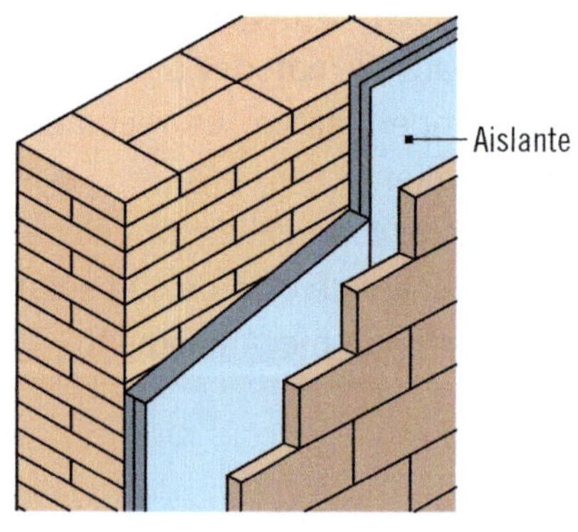

- Para evitar que se produzcan condensaciones intersticiales, puede que sea necesario disponer de una barrera de vapor entre el aislante y el tabique de trasdosado.

Definición

Tabiques trasdosados
Son placas delgadas que están fijadas a muros rígidos y gruesos con el fin de mejorar las prestaciones que ofrecen.

Barreras de vapor
Son membranas de pequeño espesor que se disponen para reducir la cantidad de vapor o humedad que circula entre dos ambientes. Se utilizan cuando se puedan producir condensaciones de agua.

En el aislamiento de los cerramientos verticales se plantea la necesidad de conseguir el máximo aislamiento ocupando la menor superficie útil posible. Esto hace que pueda ser conveniente elegir soluciones donde no sea necesario disponer de tabique de trasdosado. En estos casos, se aplicaría el revestimiento de yeso *in situ* directamente sobre el aislante térmico. Por otro lado, también es importante prestar atención a los espesores de los aislantes térmicos, ya que estos pueden ofrecer la misma resistencia para distintos espesores. Esto hará que la ocupación de superficie útil sea mayor o menor.

Actividades

3. Busque en internet dos ejemplos de materiales aislantes que se suelan utilizar en el aislamiento de cerramientos verticales. Estudie sus características (espesor, cualidades térmicas, precio) y elabore una tabla con las ventajas e inconvenientes que puede suponer la utilización de los mismos en el aislamiento térmico de un edificio.

Soluciones para fachadas

Según la posición del aislante, las soluciones de aislamiento de fachadas se suelen clasificar en:

- Intermedio entre dos hojas.
- Exterior.

En el **aislamiento intermedio** entre dos hojas, el aislante se coloca entre dos capas del cerramiento. La siguiente imagen muestra un ejemplo de este tipo de solución.

Ejemplo de aislamiento intermedio entre dos hojas

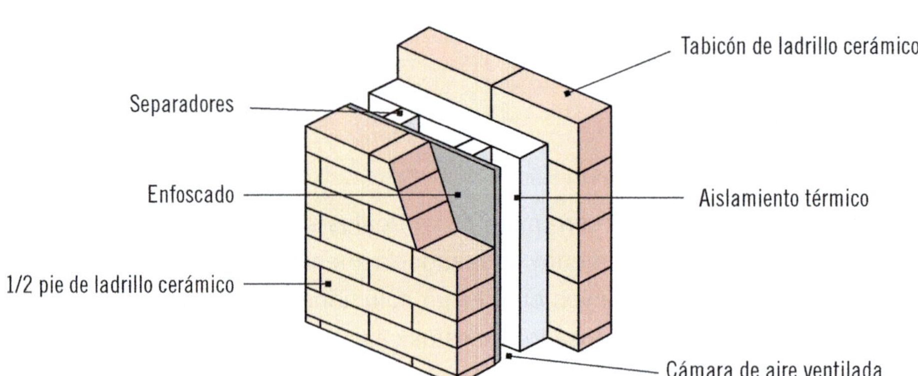

Por otro lado, el **asilamiento exterior** consiste en la colocación del aislante en la cara interior o exterior del cerramiento, sobre el cual se aplica el enlucido correspondiente. La siguiente imagen muestra un ejemplo de este tipo de aislamiento.

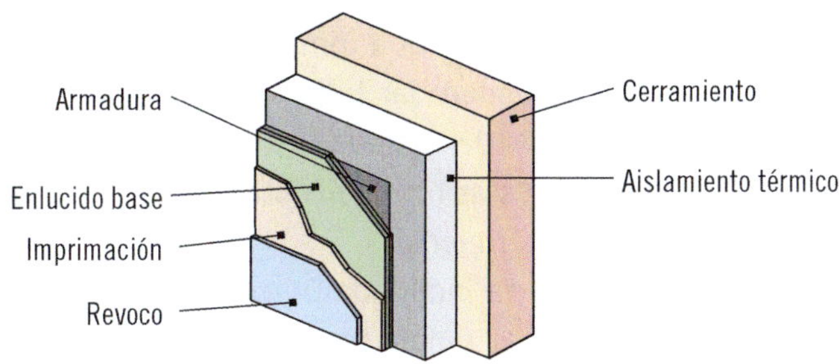

3.3. Aislamiento de cubiertas

El adecuado aislamiento térmico del tejado de los edificios es muy importante debido a que es la parte de la envolvente que está más expuesta a los efectos climáticos adversos.

Respecto a las cubiertas inclinadas, la posición del aislamiento es clave ya que determinará el aprovechamiento energético bajo la cubierta y la inercia térmica de la misma.

Cubierta inclinada

Respecto al aislamiento de las cubiertas inclinadas, es importante tener en cuenta las siguientes consideraciones:

- Aislar la cubierta por el interior o con bovedillas aislantes evita el aprovechamiento de la masa térmica que forma el forjado de cubierta.
- Las bovedillas aislantes pueden dar lugar a que se originen condensaciones superficiales además de suciedad en correspondencia con las viguetas del forjado cuando estas no estén correctamente aisladas, siendo entonces fuertes puentes térmicos.
- El aislamiento de la cubierta inclinada únicamente con cámara es una solución que ofrece una resistencia térmica entre 5 y 10 veces menor que la que proporcionan las cubiertas con aislante térmico.

Soluciones para cubiertas

El aislamiento de cubiertas se suele clasificar en función de la pendiente de la cubierta:

- Cubierta plana o azotea.
- Cubierta inclinada o tejado.

El aislamiento térmico de las **cubiertas planas** se divide en dos grandes grupos, según sea la posición del aislante respecto a la membrana de impermeabilización. Estos son:

- La cubierta plana tradicional, donde el aislamiento se sitúa bajo la impermeabilización.
- La cubierta invertida, donde el aislamiento se coloca sobre la impermeabilización.

Ejemplo de aislamiento bajo la impermeabilización de una cubierta plana

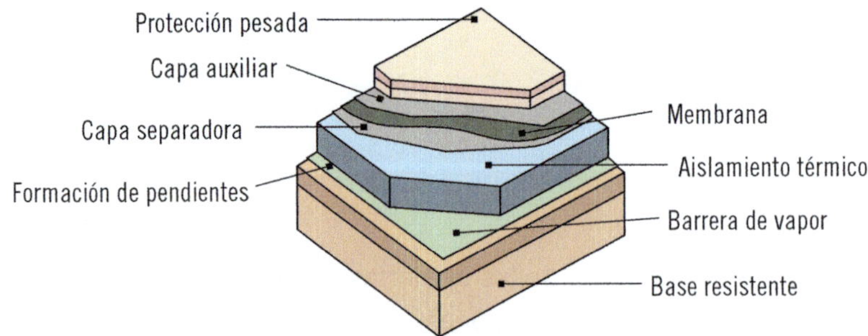

En las **cubiertas inclinadas** existe una amplia variedad de maneras de combinar los diferentes elementos que la conforman, desde los distintos soportes hasta las diferentes coberturas pasando por la forma de disponer el aislante, la ventilación, la transmisión de cargas, etc.

En función del soporte del aislamiento térmico, se distinguen dos tipos de aislamiento térmico de las cubiertas inclinadas:

- Asilamiento sobre soporte horizontal.
- Aislamiento sobre soporte inclinado.

Ejemplo de aislamiento de cubierta inclinada sobre soporte horizontal

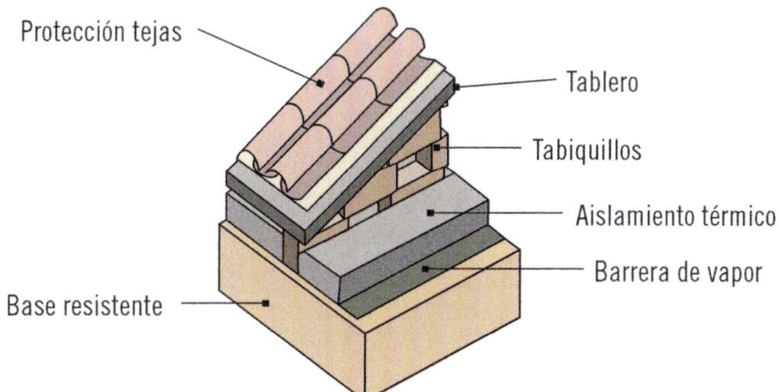

4. Transmitancia térmica de las soluciones constructivas

EL CTE establece, en su documento DB-HE: Ahorro de energía, el método de cálculo de la transmitancia térmica de:

- Cerramientos en contacto con el aire exterior.
- Cerramientos en contacto con el terreno.
- Particiones interiores en contacto con espacios no habitables.
- Huecos.

A continuación, se expondrá brevemente lo que expone la normativa respecto al cálculo de este parámetro.

4.1. Cerramientos en contacto con el aire exterior

En este caso, se consideran aquellos cerramientos que están en contacto con el aire exterior tales como muros de fachada, cubiertas y suelos en contacto con el aire exterior. De la misma forma se calcularán los puentes térmicos integrados en estos cerramientos cuya superficie sea superior a 0,5 m^2, despreciándose en este caso los efectos multidimensionales del flujo de calor.

La transmitancia térmica U (W/m^{2}K) se determina a partir de la siguiente expresión:

$$U = 1/R_T$$

Siendo:

- R_T la resistencia térmica total del componente constructivo [m^{2}K/W].

Recuerde

La resistencia térmica total R_T de un componente constituido por capas térmicamente homogéneas debe calcularse mediante la expresión:

$$R_T = s_i + R_1 + R_2 + ... + R_n + R_{se}$$

Siendo:

- R_1, R_2...R_n las resistencias térmicas de cada capa.

4.2. Cerramientos en contacto con el terreno

Para los cerramientos que están en contacto con el terreno, el cálculo de la transmitancia térmica difiere según sean:

- Suelos en contacto con el terreno.
- Muros en contacto con el terreno.
- Cubiertas enterradas.

Suelos en contacto con el terreno

Para el cálculo de la transmitancia U_S se consideran en este apartado:

- Caso 1: soleras o losas apoyadas sobre el nivel del terreno o, como máximo, 0,50 m por debajo de este.
- Caso 2: soleras o losas a una profundidad superior a 0,5 m respecto al nivel del terreno.

Recuerde

Las soleras consisten en elementos de hormigón de escaso espesor que se apoyan directamente sobre el terreno.

Caso 1

La transmitancia térmica U_s se obtendrá en la siguiente tabla, la cual establece la transmitancia en función del ancho (D) de la banda de aislamiento perimétrico, de la resistencia térmica del aislante (R_a) y la longitud característica (B') de la solera o losa (cociente entre la superficie del suelo y la longitud de su semiperímetro). Los valores intermedios se pueden obtener por interpolación lineal.

Transmitancia térmica U_s en $W / m^2 K$																
R_a	D = 0,5 m $R_a (m^2 K/W)$						D = 1,0 m $R_a (m^2 K/W)$					D ≥ 1,5 m $R_a (m^2 K/W)$				
B	**0,00**	**0,50**	**1,00**	**1,50**	**2,00**	**2,50**	**0,50**	**1,00**	**1,50**	**2,00**	**2,50**	**0,50**	**1,00**	**1,50**	**2,00**	**2,50**
1	2,35	1,57	1,30	1,16	1,07	1,01	1,39	1,01	0,80	0,66	0,57	-	-	-	-	-
5	0,85	0,69	0,64	0,61	0,59	0,58	0,65	0,58	0,54	0,51	0,49	0,64	0,55	0,50	0,47	0,44
6	0,74	0,61	0,57	0,54	0,53	0,52	0,58	0,52	0,748	0,46	0,44	0,57	0,50	0,45	0,43	0,41
7	0,66	0,55	0,51	0,49	0,48	0,47	0,53	0,47	0,44	0,42	0,41	0,51	0,45	0,42	0,39	0,37
8	0,60	0,50	0,47	0,45	0,44	0,43	0,48	0,43	0,41	0,39	0,38	0,47	0,42	0,38	0,36	0,35
9	0,55	0,46	0,43	0,42	0,41	0,40	0,44	0,40	0,38	0,36	0,35	0,43	0,38	0,36	0,34	0,33
10	0,51	0,43	0,40	0,39	0,38	0,37	0,41	0,37	0,35	0,34	0,33	0,40	0,36	0,34	0,32	0,31
12	0,44	0,38	0,36	0,34	0,34	0,33	0,36	0,33	0,31	0,30	0,29	0,36	0,34	0,30	0,28	0,27
14	0,39	0,34	0,32	0,31	0,30	0,30	0,32	0,30	0,28	0,27	0,27	0,32	0,30	0,27	0,26	0,25
16	0,35	0,31	0,29	0,28	0,27	0,27	0,29	0,27	0,26	0,25	0,24	0,29	0,27	0,25	0,24	0,23
18	0,32	0,28	0,27	0,26	0,25	0,25	0,27	0,25	0,24	0,23	0,22	0,27	0,25	0,23	0,22	0,21
≥20	0,30	0,26	0,25	0,24	0,23	0,23	0,25	0,23	0,22	0,21	0,21	0,25	0,23	0,21	0,20	0,20

Actividades

4. Utilice la tabla anterior para determinar la transmitancia térmica de una solera con las siguientes características.

- B =7
- D =0,5m
- R_a = 1,25 m^2K/W

Soleras con aislamiento perimetral

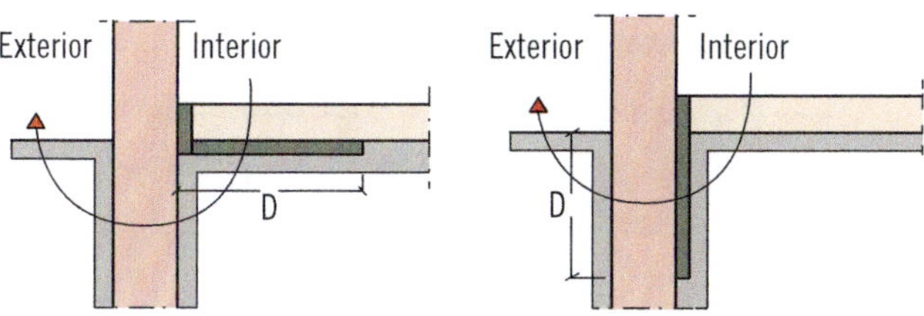

Caso 2

La transmitancia térmica U_s (W/m^{2}K) se obtendrá en la siguiente tabla, la cual establece la transmitancia en función de la profundidad (z) de la solera o losa respecto el nivel del terreno, de su resistencia térmica (R_f), despreciando las resistencias térmicas superficiales, y la longitud característica (B'). Los valores intermedios se pueden obtener por interpolación lineal.

Transmitancia térmica U_s en W / m^{2}K

	0,5 m < z ≤ 1,0 m R_f (m^2 K/W)				1,0 m < z ≤ 2,0 m R_f (m^2 K/W)				2,0 m < z ≤ 3,0 m R_f (m^2 K/W)				z > 3,0 m R_f (m^2 K/W)			
B	**0,00**	**0,50**	**1,00**	**1,50**	**0,00**	**0,50**	**1,00**	**1,50**	**0,00**	**0,50**	**1,00**	**1,50**	**0,00**	**0,50**	**1,00**	**1,50**
5	0,64	0,52	0,44	0,39	0,54	0,45	0,40	0,36	0,42	0,37	0,34	0,31	0,35	0,32	0,29	0,27
6	0,57	0,46	0,40	0,35	0,48	0,41	0,36	0,33	0,38	0,34	0,31	0,28	0,32	0,29	0,27	0,25
7	0,52	0,42	0,37	0,33	0,44	0,38	0,33	0,30	0,35	0,31	0,29	0,26	0,30	0,27	0,25	0,24
8	0,47	0,39	0,34	0,30	0,40	0,35	0,30	0,28	0,33	0,29	0,27	0,25	0,28	0,26	0,24	0,22
9	0,43	0,36	0,32	0,28	0,37	0,32	0,28	0,26	0,30	0,27	0,25	0,23	0,26	0,24	0,22	0,21
10	0,40	0,34	0,30	0,27	0,35	0,30	0,26	0,25	0,29	0,26	0,24	0,22	0,25	0,23	0,21	0,20
12	0,36	0,30	0,27	0,24	0,31	0,27	0,25	0,22	0,26	0,23	0,21	0,20	0,22	0,21	0,19	0,18
14	0,32	0,27	0,24	0,22	0,28	0,25	0,22	0,20	0,23	0,21	0,20	0,18	0,20	0,19	0,18	0,17
16	0,29	0,25	0,22	0,20	0,25	0,23	0,20	0,19	0,21	0,20	0,18	0,17	0,19	0,17	0,16	0,16
18	0,26	0,23	0,20	0,19	0,23	0,21	0,19	0,18	0,20	0,18	0,17	0,16	0,17	0,16	0,15	0,15
≥20	0,24	0,21	0,19	0,17	0,22	0,19	0,18	0,16	0,18	0,17	0,16	0,15	0,16	0,15	0,14	0,14

Solera enterrada

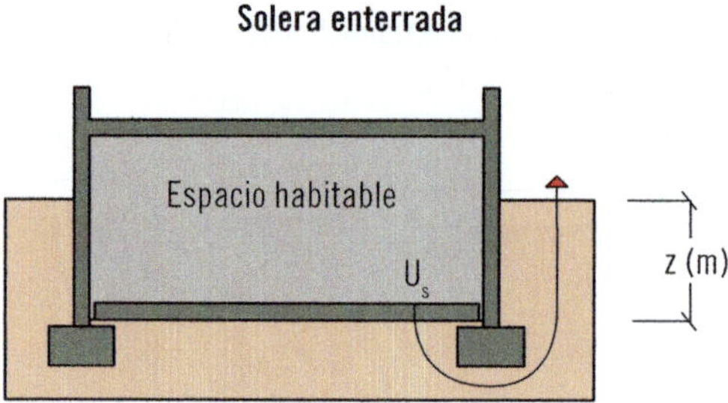

Nota

Alternativamente, para un cálculo más detallado de la transmitancia térmica U_s y U_T (ver a continuación) el CTE permite que utilice la metodología descrita en la Norma UNE-EN ISO 13370:2019.

Muros en contacto con el terreno

La transmitancia térmica U_T (W/m^{2}K) de los muros o pantallas que están en contacto con el terreno se obtendrá en la siguiente tabla, la cual establece la transmitancia en función de su profundidad (z), y de la resistencia térmica del muro R_m despreciando las resistencias térmicas superficiales. Los valores intermedios se pueden obtener por interpolación lineal.

Transmitancia térmica U_T de muros enterrados en W / m^2 K

	Profundidad z de la parte enterrada del muro (m)					
R_m (m^2 K/W)	0,5	1	2	3	4	≥ 6
0,00	3,05	2,20	1,48	1,15	0,95	0,71
0,50	1,17	0,99	0,77	0,64	0,55	0,44
1,00	0,74	0,65	0,54	0,47	0,42	0,34
1,50	0,54	0,49	0,42	0,37	0,34	0,28
2,00	0,42	0,39	0,35	0,31	0,28	0,24

Muro en contacto con el terreno

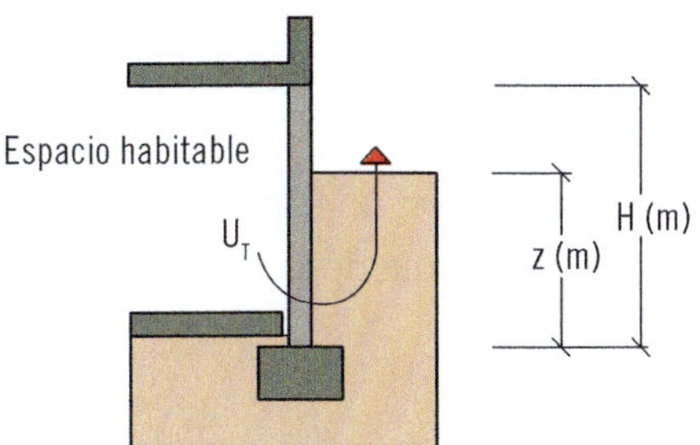

Nota

En el caso de muros cuya composición varíe con la profundidad, la transmitancia se calculará según lo expuesto en el apartado E.1.2.2 del DB-HE: Ahorro de energía.

Cubiertas enterradas

La transmitancia térmica U_T (W/m^{2}K) de las cubiertas enterradas se obtendrá mediante procedimiento descrito para los cerramientos en contacto con el aire exterior, considerando el terreno como otra capa térmicamente homogénea de conductividad $\lambda = 2$ W/mK.

Cubierta enterrada

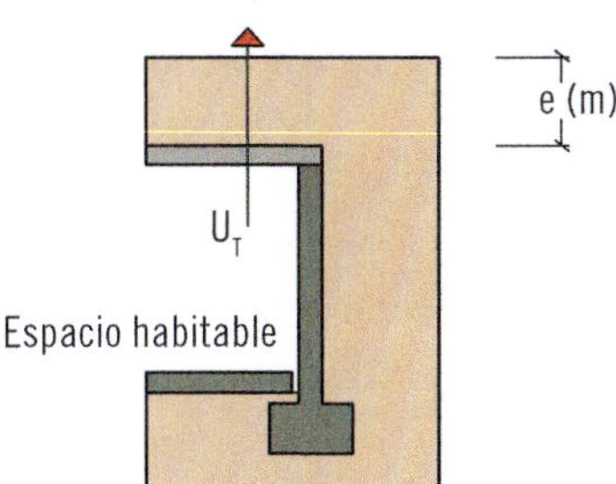

4.3. Particiones interiores en contacto con espacios no habitables

Para el cálculo de la transmitancia U (W/m^{2}K) se consideran como particiones interiores en contacto con espacios no habitables a aquellas particiones interiores que están en contacto con un espacio no habitable que a su vez esté en contacto con el exterior. El cálculo de la transmitancia para estos elementos difiere según sean:

- Particiones interiores (para este caso se excluyen los vacíos o cámaras sanitarias).
- Suelos en contacto con cámaras sanitarias.

Particiones interiores (excepto suelos en contacto con cámaras sanitarias)

La transmitancia térmica U (W/m^{2}K) de las particiones interiores viene dada por la siguiente expresión:

$$U = U_P \cdot b$$

Siendo:

- **U_P** la transmitancia térmica de la partición interior en contacto con el espacio no habitable (calculada según el apartado E.1.1 del DB-HE: Ahorro de energía), tomando como resistencias superficiales los valores de la tabla E.6 del apartado E.1.3.1 del DB-HE: Ahorro de energía.
- **b** el coeficiente de reducción de temperatura (relacionado al espacio no habitable). La manera de determinar este coeficiente viene indicado en el apartado E.1.3.1 del DB-HE: Ahorro de energía.

Nota

Alternativamente, para un cálculo más detallado de la transmitancia térmica U, el CTE permite que se utilice la metodología descrita en la Norma UNE-EN ISO 13789:2017.

Suelos en contacto con cámaras sanitarias

Este apartado es aplicable para cámaras de aire ventiladas por el exterior que cumplan simultáneamente las siguientes condiciones:

a. Que tengan una altura h inferior o igual a 1 m.
b. Que tengan una profundidad z respecto al nivel del terreno inferior o igual a 0,5 m.

En caso de no cumplirse la condición a), pero sí la b), la transmitancia del cerramiento en contacto con la cámara se calculará mediante el procedimiento descrito en el apartado E.1.1 del DB-HE: Ahorro de energía.

En caso de no cumplirse la condición b), la transmitancia del cerramiento se calculará mediante la definición general del coeficiente b descrito en el apartado E.1.3.1 del DB-HE: Ahorro de energía.

Cámaras sanitarias

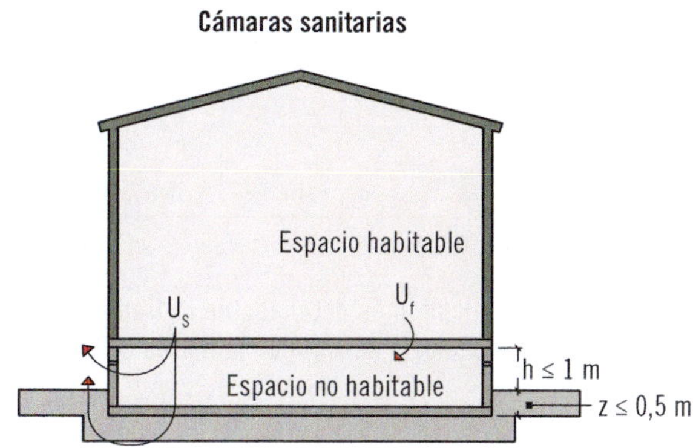

La transmitancia térmica del suelo sanitario U_S viene dada por la siguiente tabla, la cual establece la transmitancia en función de la longitud característica B' del suelo en contacto con la cámara y su resistencia térmica R_f despreciando las resistencias térmicas superficiales. Los valores intermedios se pueden obtener por interpolación lineal.

Transmitancia térmica U_s en W / m²K

	R_f (m² K/W)					
B'	**0,0**	**0,5**	**1,0**	**1,5**	**2,0**	**2,5**
5	2,63	1,14	0,72	0,53	0,42	0,35
6	2,30	1,07	0,70	0,52	0,41	0,34
7	2,06	1,01	0,67	0,50	0,40	0,33
8	1,87	0,97	0,65	0,49	0,39	0,33
9	1,73	0,93	0,63	0,48	0,39	0,32
10	1,61	0,89	0,62	0,47	0,38	0,32
12	1,43	0,83	0,59	0,45	0,37	0,31
14	1,30	0,79	0,57	0,44	0,36	0,31
16	1,20	0,75	0,55	0,43	0,35	0,30
18	1,12	0,72	0,53	0,42	0,35	0,29
20	1,06	0,69	0,51	0,41	0,34	0,29
22	1,00	0,67	0,50	0,40	0,33	0,29
24	0,96	0,65	0,59	0,39	0,33	0,28
26	0,92	0,63	0,58	0,39	0,32	0,28
28	0,89	0,61	0,57	0,38	0,32	0,28
30	0,86	0,60	0,56	0,38	0,32	0,28
32	0,83	0,59	0,45	0,37	0,31	0,27
34	0,81	0,58	0,45,	0,37	0,31	0,27
≥ 36	0,79	0,57	0,44	0,36	0,31	0,27

Nota

Alternativamente, para un cálculo más detallado de la transmitancia térmica U, el CTE permite que se utilice la metodología descrita en la Norma UNE-EN ISO 13370:2019.

4.4. Huecos

La transmitancia térmica de los huecos UH (W/m^{2}K) se determinará mediante la siguiente expresión:

$$U_H = (1 - FM) \cdot U_{H,v} + FM \cdot U_{H,m}$$

Siendo:

- **$U_{H,v}$** la transmitancia térmica de la parte semitransparente [W/m^{2}K].
- **$U_{H,m}$** la transmitancia térmica del marco de la ventana o lucernario, o puerta [W/m^2 K].
- **FM** la fracción del hueco ocupada por el marco.

Actividades

5. Utilizando la expresión anterior, determine la transmitancia térmica de uno de los huecos de su domicilio. Si no dispone de la documentación correspondiente, busque en internet los datos que necesite respecto a la transmitancia de los materiales que correspondan.

En ausencia de datos, la transmitancia térmica de la parte semitransparente $U_{H,v}$ podrá obtenerse según la Norma UNE-EN ISO 10077-1:2020.

Aplicación práctica

Desea cambiar una de las ventanas de su domicilio, la cual tendrá las siguientes características:

- **Superficie del hueco: 3 m^2.**
- **Superficie del cristal: 2,5 m^2.**
- **Transmitancia del marco: 3 W/m^2 K.**
- **Transmitancia del cristal: 1,2 W/m^2 K.**

Determine la transmitancia térmica de su nueva ventana.

SOLUCIÓN

En primer lugar se va a calcular la fracción del hueco que va a ocupar el marco (FM). Para ello, basta con dividir la superficie del hueco entre la superficie de la parte semitransparente (cristal), cuyo resultado se le restará a 1:

$$FM = 1 - 2,5/3 = 1 - 0,83 = 0,17$$

Una vez obtenida la fracción del marco, ya se tienen todos los datos necesarios para calcular la transmitancia de la ventana:

- $U_H = (1 - F_M) \cdot U_{H,v} + F_M \cdot U_{H,m}$
- $U_H = (1 - 0,17) \cdot 1,2 + 0,17 \cdot 3$
- $U_H = (0,83) \cdot 1,2 + 0,17 \cdot 3$
- $U_H = 0,99 + 0,51$
- $U_H = 1,5$

La nueva ventana tendrá una transmitancia de 1,5 W/m^2 K.

5. Coeficientes de convección en la superficie exterior e interior

Las superficies de los cerramientos que están en contacto con el ambiente exterior pueden estar sometidas a grandes variaciones térmicas producidas fundamentalmente por la ganancia de radiación solar durante el día, lo que provoca un considerable intercambio calorífico con el entorno por convección e irradiación. La energía solar que no se disipa durante el día se transmite desde la superficie hacia el interior del cerramiento para ser posteriormente devuelta, en gran parte y durante las horas nocturnas, al ambiente exterior por los mecanismos de convección e irradiación.

Definición

Convección

La convección es uno de los mecanismos de transmisión de calor que se produce como resultado del movimiento de un fluido.

Por este motivo, se hace muy importante valorar adecuadamente la magnitud de la convección e irradiación de la superficie de los cerramientos con el entorno para hacer una estimación adecuada de los flujos térmicos del interior y de las superficies de los mismos con el ambiente exterior e interior. En aquellos casos en los que exista una gran diferencia de temperatura entre la superficie y el ambiente circundante, sería necesario considerar detenidamente todos los factores físicos implicados en la transmisión del calor.

5.1. Coeficiente convectivo. Resistencia térmica de convección

El **flujo de calor por convección** (Q/t) que se produce entre una superficie sólida y un fluido que está en contacto con ella se puede determinar a partir de la Ley de Enfriamiento de Newton:

$$Q/t = h\,A\,\Delta T$$

Siendo:

- **ΔT** la diferencia de temperatura que existe entre la superficie y el fluido (en valor absoluto).
- **A** el área de contacto.
- **h** (W/m^2K) el coeficiente convectivo o coeficiente superficial de transmisión de calor. Este parámetro no es una propiedad física del material, sino del propio proceso de convección, ya que su valor depende en gran medida de las características del fluido y del tipo de flujo que se establezca en el fluido, de la naturaleza y posición de la superficie sólida, etc.

Por otro lado, la **resistencia térmica de convección** (R_s) o resistencia térmica superficial se puede determinar a partir del coeficiente anterior, ya que es el inverso de este:

$$R_s = 1/h$$

6. Propiedades radiantes de los materiales de construcción

Todos los materiales intercambian radiación térmica con su entorno en función de su superficie, entre otras características. Por lo general, es necesario diferenciar dos aspectos de este fenómeno, ya que la superficie de los materiales es, a la vez, **emisora** y **receptora** de radiación térmica.

En el primer caso, la energía que emite una superficie depende de la temperatura absoluta T de la misma y de la emitancia e, que es la razón entre la energía Q_e emitida por la superficie y la energía Q_0 que emitiría un cuerpo negro que se encontrase a la misma temperatura.

$$e = Q_e / Q_0$$

Definición

Cuerpo negro

Un cuerpo negro es objeto teórico e ideal que emite radiación térmica. Un cuerpo negro perfecto es aquel que absorbe toda la luz que incide sobre el mismo sin reflejar ninguna. A temperatura ambiente, un cuerpo negro debería ser totalmente negro (como su nombre indica). Sin embargo, si se calentara a una temperatura elevada, el cuerpo negro comenzaría a brillar emitiendo radiación térmica.

Cuando la superficie sea receptora de una radiación térmica incidente Q_i, parte de la energía será reflejada, otra absorbida y la demás transmitida. A los coeficientes de dichas fracciones se les conoce, respectivamente, como reflectancia r, absortancia a y transmitancia t verificándose la siguiente expresión:

$$r + a + t = 1$$

Cuando una superficie sea opaca, ninguna energía será transmitida (t=0), por lo que se verifica que:

$$r + a = 1$$

Actividades

6. Cuando un cerramiento recibe radiación térmica, ¿cree que se trasmitirá (t) alguna parte de la energía incidente? Razone su respuesta.

Se denominan **propiedades radiantes** de las superficies a aquellas relaciones constantes e intrínsecas que describen cuantitativamente la manera en la que la energía radiante interacciona con la superficie de los materiales. Estas propiedades se clasifican en:

- **Propiedades espectrales:** si describen el comportamiento de las superficies en función de la longitud de onda.
- **Propiedades direccionales:** si dependen de la inclinación de la radiación respecto a la superficie.

Para definir las características direccionales de la radiación, se hace necesario utilizar el concepto de intensidad de la radiación I, que se define como la energía que pasa por un plano imaginario por unidad de tiempo y de superficie y por unidad de ángulo sólido, cuya dirección central es perpendicular al plano. La intensidad I tiene magnitud y dirección, por lo que se puede considerar como una magnitud de tipo vectorial.

Definición

Ángulo sólido

Ángulo espacial que abarca un objeto visto desde un determinado punto, que se corresponde con la zona espacial que está delimitada por una superficie cónica.

7. Resistencia térmica global. Coeficiente global de transferencia de calor

Como ya se ha comentado anteriormente, la resistencia que ofrece un elemento al paso del calor (resistencia térmica) se determina dividiendo su espesor entre la conductividad del material que lo constituya.

Si el elemento está constituido por distintas capas, la resistencia térmica global (R_t) del mismo se determina sumando las resistencias térmicas de dichas capas. Para determinar esta resistencia es necesario añadir la resistencia que ofrecen sus superficies, donde una fina capa de aire separa al cuerpo del aire circundante, e incluye los componentes convectivos y radiantes del intercambio de calor. En definitiva, si se considera la transferencia de calor de aire a aire (interior y exterior) hay que tener en cuenta estas dos resistencias superficiales:

$$R_t = R_{ex} + R_1 + R_2 + R_3 + \ldots + R_n + R_{in}$$

Donde:

- R_{ex} y R_{in} son las resistencias térmicas superficiales de la película de aire interior y exterior.
- R_1, R_2, R_3,..., R_n son las resistencias térmicas de cada una de las capas.

Flujo de calor en un cerramiento

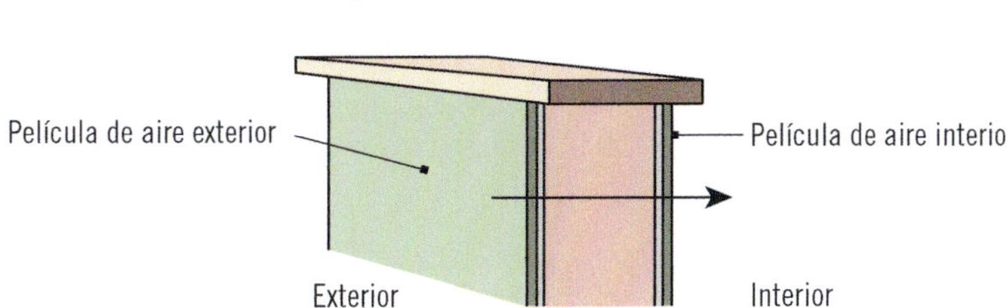

Generalmente, la conducción y la convección no son fenómenos aislados, sino que en la mayoría de los casos se presentan de manera conjunta. Así, cuando se tiene una superficie sólida, suele haber una capa de fluido (por ejemplo, aire) a ambos lados de dicha superficie. El calor se transmite por convección en las capas del fluido y por conducción en el interior de la superficie.

En este caso, el flujo de calor (Q/t) se determina con la siguiente expresión:

$$Q/t = U \cdot A \cdot \Delta T$$

Donde:

- ΔT es la diferencia de temperatura entre el fluido caliente y el frío (T_A-T_B) (diferente a la diferencia de temperatura que existe entre las paredes del sólido: $T_2 - T_1$):

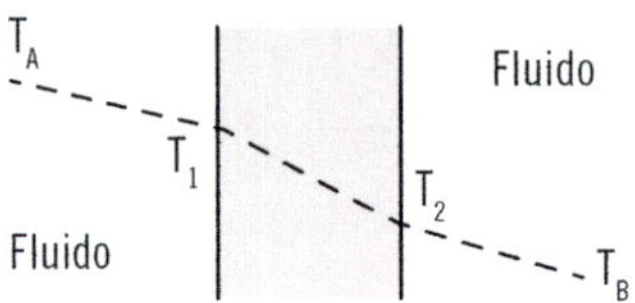

- A es el área de la superficie del cuerpo.
- U es el coeficiente global de transmisión de calor (W/m²K) y se verifica que:
  - $U \cdot A = 1 / R_t$
  - $U = 1/ (A \cdot R_t)$; donde R_t es la resistencia térmica total.

Actividades

7. ¿Cree que el flujo de calor a través de un cerramiento será mayor conforme más diferencia exista entre las temperaturas exterior e interior? Razone su respuesta.

8. Elementos singuales. Puntes térmicos y cámaras de aire

Cuando se aísla un cerramiento es fundamental tener en cuenta la presencia de los denominados **puentes térmicos,** zonas donde, por falta de aislamiento térmico, se produce una discontinuidad con menor resistencia térmica (o mayor trasferencia de calor) que la que hay en el resto del cerramiento.

La presencia de puentes térmicos es mucho más habitual en los cerramientos verticales (más que en las cubiertas y suelos), ya que en estos elementos es habitual que se pierda la homogeneidad y continuidad de la envolvente. Esto se debe fundamentalmente a:

- Encuentros del cerramiento vertical con elementos estructurales tales como forjados, vigas y pilares.
- Huecos de ventanas y elementos similares.
- Incorrecta instalación del aislamiento térmico.

Ejemplo de encuentro cerramiento-forjado

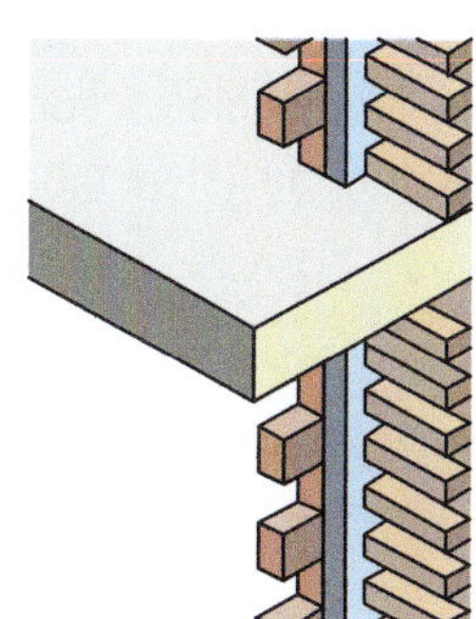

Así, por ejemplo, en un edificio de viviendas con estructura de hormigón cuyas paredes exteriores presentan una cámara rellena de aislante térmico, las perdidas de calor adicionales debidas a la interrupción de la cámara con elementos estructurales (sin tener en cuenta los huecos) puede variar entre un 20 y un 30 %.

Además de estas pérdidas de calor, lo más grave de un puente térmico es que favorece la aparición de condensaciones superficiales y, como consecuencia, la formación de moho, en la superficie interior del puente térmico.

La temperatura superficial interior (T_{si}) de un cerramiento se puede determinar con la siguiente expresión:

$$T_{si} = T_i - U\,(T_i - T_e) / h_i$$

Donde:

- T_i es la temperatura del ambiente interior.
- T_e es la temperatura del ambiente exterior.
- h_i es el coeficiente superficial interior de transmisión de calor.
- U es el coeficiente de transferencia de calor del cerramiento.

A la vista de la expresión anterior, es fácil entender que, si aumenta U (como ocurre en los puentes térmicos), T_{si} disminuye, lo que incrementaría el riesgo de condensaciones superficiales sobre la pared fría resultante (las condensaciones se producen cuando Tsi se iguala a la temperatura de rocío del ambiente interior).

Actividades

8. ¿Qué le ocurriría a la temperatura superficial interior de un cerramiento si aumentara su coeficiente de trasferencia de calor (U)?

Además de los puentes térmicos, en el aislamiento de los cerramientos verticales también es importante prestar atención a las **cámaras de aire.**

Una vez instalado, el aislamiento térmico de la cámara de aire es prácticamente inaccesible, por lo que cualquier defecto que exista en el mismo será (una vez instalado) muy difícil de detectar hasta que se produzcan condensaciones superficiales o aparezca moho, ocasionados por el puente térmico formado donde exista el defecto. En este punto, será todavía más difícil y costosa su solución.

Aunque cualquier aislante es apto para ser instalado en una cámara de aire, su buen funcionamiento y durabilidad dependen en mayor o menor medida, del material del que esté constituido. Respecto a las características del material aislante que se utilice en las cámaras de aire, es importante tener en cuenta las siguientes consideraciones:

- Cuando el material del aislamiento que se instala es sensible a la humedad, se hace necesario disponer de cámaras de aire ventiladas y barreras de vapor.
- Cuando los aislantes tienen poca rigidez y consistencia, puede sufrir asentamientos por gravedad dentro de la cámara cuando no se dispongan de las fijaciones necesarias.
- Los encuentros múltiples que se puedan dar con elementos estructurales tales como pilares, vigas, forjados y huecos de ventanas, si no se acometen adecuadamente, pueden convertirse en una proliferación de puentes térmicos en la propia cámara. Esto provocaría la degradación de las propiedades térmicas de la pared y un aumento del riesgo de aparición de condensaciones.

9. Estimación del espesor de aislamiento

El espesor (e) de los aislamientos de una edificación se puede estimar en función de la resistencia térmica (R) exigida para los mismos, ya que espesor se determina multiplicando dicha resistencia por la conductividad térmica del aislamiento (λ):

$$R = e / \lambda$$

$$e = R \cdot \lambda$$

El CTE establece unos valores máximos para la transmitancia U (inverso resistencia térmica) de los diferentes tipos de cerramientos según sea la zona climática donde se sitúe la edificación:

Valores límites de U (W / m²K)					
Zonas climáticas	**A**	**B**	**C**	**D**	**E**
Muro	0,94	0,82	0,73	0,66	0,57
Suelo	0,53	0,52	0,50	0,49	0,48
Cubierta	0,50	0,45	0,41	0,38	0,35
Medianera	1,00	1,00	1,00	1,00	1,00
Particiones interiores	1,20	1,20	1,20	1,20	1,20

Actividades

9. A la vista de los datos mostrados en la tabla anterior, ¿qué zona climática cree que es más restrictiva respecto al espesor mínimo del aislamiento térmico de los diferentes tipos de cerramientos?

Aplicación práctica

En un muro de una edificación situada en zona climática C, se desea utilizar lana de vidrio como aislamiento térmico (λ = 0,04 W/mK). Si la resistencia térmica total del muro sin aislar es de 0,48 m²K/W, determine el espesor mínimo que debe tener la lana de vidrio para cumplir con las exigencias establecidas en el CTE.

SOLUCIÓN

Al situarse en la zona climática C, el CTE establece que la transmitancia térmica muro no debe ser superior a 0,73 W/m²K (ver tabla anterior). Por lo tanto, la resistencia térmica mínima (R) del muro será:

- R = 1 / 0,73
- R = 1,37 m²K/W

Continúa en página siguiente >>

<< Viene de página anterior

Si la resistencia mínima del muro es de 1,37 m^2K/W y la del muro sin aislar es de 0,48 m^2K/W, la lana de vidrio deberá aportar una resistencia térmica de:

- Rlana = 1,37 – 0,4
- Rlana = 0,97 m^2K/W

Con este dato, ya se puede calcular el espesor mínimo (e) que debe tener el aislamiento:

- $e = R_{lana} \cdot \lambda$
- $e = 0{,}97 \cdot 0{,}04$
- $e = 0{,}038$ m

La lana de vidrio debe tener un espesor mínimo de 0,038 m.

10. Distribución de temperaturas y flujo de calor en estado estacionario

Para los **cerramientos planos homogéneos,** cuando se saben las temperaturas de sus caras (T_1 y T_2), es fácil calcular la temperatura que existe en cualquier punto interior. Esto se debe a que el gradiente de temperatura es lineal y el flujo de color uniforme en su interior.

Dado un cerramiento plano homogéneo de espesor e, la temperatura (T_x) del cerramiento a una profundidad x sería:

$$T_X = T_1 + \frac{X}{e} (T_2 - T_1)$$

Temperatura en un punto de un cerramiento uniforme

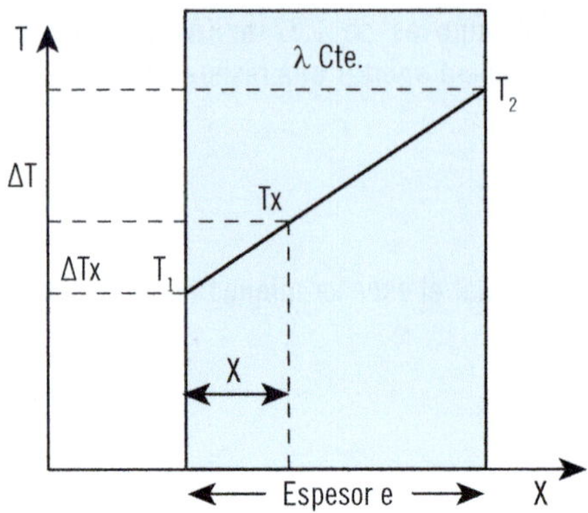

Actividades

10. Determine la temperatura interior de un cerramiento plano homogéneo en un punto situado a 5 cm de la pared exterior. Las temperaturas exterior e interior son, respectivamente: 0 °C y 20 °C. El espesor del cerramiento es de 5 cm.

En el caso de **cerramientos constituidos con capas paralelas,** el gradiente de temperatura en cada una de las capas también será lineal, pero la gráfica del gradiente total del cerramiento tendrá forma de una línea quebrada.

Si el cerramiento está constituido por n capas, de manera que la primera capa tiene la temperatura superficial T_1 a la izquierda y la temperatura T_2 a la derecha, y así sucesivamente hasta la última de las capas, la cual tendrá la temperatura superficial T_{n+1} a la derecha, se verifica que:

$$\Delta T_i = \frac{R_i}{R_T} \Delta T_T \quad \text{y} \quad T_i = T_i - 1 + \Delta T_i$$

Perfil de temperaturas de un cerramiento construido por capas en serie

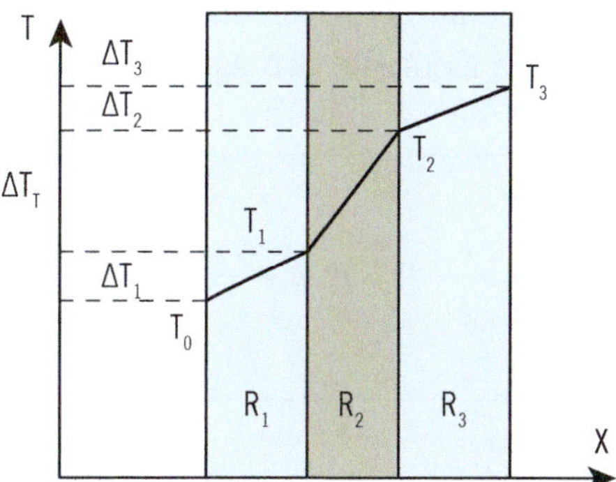

Para determinar todas estas temperaturas, tiene que existir lo que se conoce como el **régimen estacionario,** lo cual significa que el sólido debe estar en equilibrio termodinámico, o lo que es lo mismo, que su temperatura no varíe con el tiempo.

El calor en estado estacionario que se transmite por conducción por unidad de tiempo y por unidad de superficie, o lo que es lo mismo, el flujo de calor Q, es proporcional al gradiente de temperatura dT/dx, siendo x la dirección del flujo y el área normal a este. El coeficiente de proporcionalidad del flujo de calor es una propiedad física que presenta el medio, que es la conductividad térmica del mismo (λ). En definitiva, se verifica que:

$$Q = -\lambda \frac{dT}{dx}$$

El signo negativo de la expresión anterior significa que la temperatura disminuye en la dirección del flujo.

En un **cerramiento plano** que tenga un espesor e, una conductividad térmica λ uniforme, sus caras izquierda y derecha se presentan temperaturas diferentes (respectivamente T_1 y T_2) y el muro se encuentra en equilibrio; existirá un flujo de calor de la cara que presente mayor temperatura hacia la más fría. Este flujo tendrá una de dirección perpendicular a la superficie y su magnitud se puede calcular mediante la siguiente expresión:

$$Q = - \frac{\lambda}{e}(T_1 - T_2) = \frac{\lambda}{e}(T_2 - T_1)$$

El los **cerramientos constituidos por n capas** paralelas a su superficie donde cada una presentará su propia conductividad (λ) y espesor (e), el flujo de calor se puede determinar a partir de la resistencia térmica total del cerramiento:

$$R_T = R_1 + R_2 + \dots + R_n = \sum_{i=1}^{n} \frac{e_i}{\lambda_i}$$

$$Q = \frac{\Delta T}{R_T} = \frac{\Delta T}{\sum_{i=1}^{n} \frac{e_i}{\lambda_i}}$$

11. Condensaciones interiores. Temperatura de rocío

El vapor de agua que se produce dentro de un local incrementa la presión de vapor del aire ambiente y esto provoca una diferencia de presión de vapor entre los ambientes interior y exterior. Esto hace que se produzca un proceso de difusión de vapor a través del cerramiento que separa el local del exterior, desde el ambiente con más presión de vapor, por lo general el interior, hacia el ambiente con que tenga una presión de vapor más baja, generalmente el exterior.

Recuerde

La presión de vapor del aire es la presión parcial a la que se encuentra el vapor de agua que contiene.

Por otro lado, la presión de saturación del aire a una temperatura determinada es la presión máxima que el vapor que contiene puede tener a dicha temperatura.

En este transporte de vapor que se produce a través del cerramiento, si en algún punto de su interior la presión de vapor es mayor que la de saturación en ese punto, o lo que es lo mismo, si la temperatura en ese punto es menor que la de rocío del vapor en dicho punto, se producirá condensación de vapor de agua en el interior del cerramiento (condensaciones intersticiales).

Condensaciones intersticiales en un cerramiento

Nota

Al producirse condensaciones intersticiales se origina un desprendimiento de calor.

Para predecir si existirán o no condensaciones en el interior de un cerramiento se puede llevar a cabo la siguiente metodología:

1. Calcular analítica y gráficamente la distribución de temperaturas del cerramiento.
2. Calcular analítica y gráficamente la temperatura de rocío en los puntos del cerramiento, desde su superficie interior hasta la exterior.
3. Se compararán ambas temperaturas. En aquellos puntos en los que la temperatura del cerramiento sea igual o menor que la de rocío podrán producirse condensaciones intersticiales. Esto se puede comprobar fácilmente representando gráficamente ambas temperaturas. En los puntos de la gráfica en los que la que la temperatura de rocío sea igual superior que la del cerramiento, podrán producirse condensaciones intersticiales.

Recuerde

La temperatura de rocío es la temperatura a la que el vapor de agua empieza a condensarse en el ambiente, es decir, cuando la presión de vapor se iguala a la presión de saturación.

Para determinar la temperatura de rocío de cada punto, es necesario determinar la distribución presión de vapor correspondiente al cerramiento. Una vez calculada esta distribución, la temperatura de rocío de cada punto puede determinarse por medio del ábaco psicométrico.

Definición

Ábaco psicométrico
El ábaco psicométrico es un diagrama que relaciona la temperatura del aire con su contenido de vapor de agua.

En un cerramiento constituido por diferentes capas, se han determinado los siguientes datos de temperaturas:

Capa	Distribución de temperaturas (°C)	Temperatura de rocío (°C)	Espesor (mm)
Interior	21		
	20	14	
Capa 1			15
	18	12	
Capa 2			65
	2	8	
Capa3			50
	0,5	- 2,6	
Exterior	0		

Indique si pueden producirse condensaciones en el interior de este muro.

SOLUCIÓN

En primer lugar, se representan gráficamente las temperaturas del cerramiento en función del espesor del muro (x). Si la línea correspondiente a la temperatura de rocío se cruza con la de la distribución de temperaturas del muro, podrán producirse condensaciones intersticiales en el mismo.

La gráfica de la distribución de temperaturas (línea roja) y la temperatura de rocío (línea azul), tiene la siguiente forma:

Continúa en página siguiente >>

<< Viene de página anterior

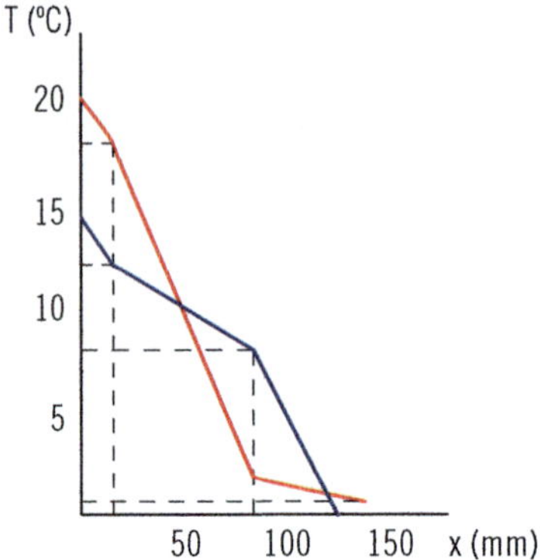

Como se puede observar, existen dos puntos en el que ambas gráficas se cruzan, o lo que es lo mismo, la temperatura de rocío es superior a la temperatura del cerramiento en la región comprendida entre esos dos puntos. Esto verifica la posibilidad de que se produzcan condensaciones internas en este cerramiento.

12. Resumen

El correcto aislamiento térmico de los edificios en los que vivimos y en los que desempeñamos nuestras actividades diarias es fundamental para lograr la eficiencia y el ahorro energético.

El aislamiento térmico óptimo de una edificación es un proceso que consiste en aplicar materiales aislantes sobre los elementos constructivos que conforman la envolvente del mismo, como son: fachadas, cubiertas, suelos y cerramientos. También es muy importante detectar y eliminar los denominados puentes térmicos, es decir, romper las conexiones entre elementos interiores y exteriores que favorecen la transmisión de temperatura entre ambos ambientes.

En este capítulo se han estudiado diversos aspectos relacionados con el asilamiento térmico de los edificios, entre los que podemos destacar:

- Concepto de transmitancia y resistencia térmica de los materiales en la edificación.

- Estudio de los tipos de aislamiento de edificios, según sea el elemento constructivo que se aísle.
- Determinación de las transmitancias térmicas de las soluciones constructivas.
- Fenómeno de convección en los cerramientos.
- Concepto y cuantificación de la radiación de los materiales de construcción.
- Concepto de resistencia térmica global y coeficiente global de transferencia de calor.
- Puentes térmicos y cámaras de aire. Consideraciones a tener en cuenta para su correcto aislamiento.
- Determinación del espesor de los aislantes.
- Determinación de la distribución de temperaturas en los cerramientos y del flujo de calor en estado estacionario.
- Condensaciones interiores en los cerramientos según sea el valor de la temperatura de rocío.

Ejercicios de repaso y autoevaluación

1. La transmitancia térmica se mide en...

a. ... W/m^2K.
b. ... W/mK.
c. ... Wm^2/K.
d. ... W^2m/K.

2. ¿Cómo se determina la resistencia térmica de los materiales no homogéneos?

____

____

3. Complete la siguiente oración.

En los suelos, el aislante estará continuamente sometido a cargas y, dada su ubicación, será más probable que entre en contacto directo con ______________ (procedente del terreno, de condensaciones, o también de la propia humedad de obra). Todo esto hace que el ______________ deba presentar una resistencia adecuada tanto a la ______________ como a la ______________ de agua.

4. Indique la veracidad o falsedad de las siguientes afirmaciones.

a. Las cámaras de aire proporcionan mucha más resistencia térmica adicional a los cerramientos verticales en comparación a la que ofrecen los aislantes térmicos actuales.

☐ Verdadero
☐ Falso

b. En el aislamiento de los cerramientos verticales se plantea la necesidad de conseguir el máximo aislamiento ocupando la menor superficie útil posible.

☐ Verdadero
☐ Falso

5. Según la posición del aislante, las soluciones de aislamiento de fachadas se suelen clasificar en...

____
____

6. La energía que emite una superficie depende de...

a. ... la temperatura absoluta de la misma.
b. ... la energía emitida por la superficie.
c. ... la energía que emitiría un cuerpo negro que se encontrase a la misma temperatura.
d. Todas las opciones son correctas.

7. Complete la siguiente oración.

Si el elemento está constituido por distintas capas, la resistencia térmica global (Rt) del mismo se determina ________________ las ________________ de dichas capas. Para determinar esta resistencia es necesario añadir la resistencia que ofrecen sus ______________.

8. ¿En qué elemento constructivo es más habitual la presencia de puentes térmicos? Razone su respuesta.

____
____
____
____

9. ¿A qué se suele deber la presencia de puentes térmicos en los cerramientos?

____
____
____
____

10. Complete la siguiente oración.

Además de las pérdidas de calor, lo más grave de un puente térmico es que favorece la aparición de ________________ y, como consecuencia, la formación de ________________, en la superficie ________________ del puente térmico.

11. ¿Cómo se puede estimar el espesor del aislamiento térmico de los edificios?

____
____
____
____

12. El flujo de color en el interior de un cerramiento plano homogéneo es:

a. Desigual.
b. Uniforme.
c. Depende de las temperaturas interior y exterior.
d. Todas las opciones son incorrectas.

13. ¿Qué significa cuando se dice que "un sólido se encuentra en régimen estacionario"?

____
____

14. Complete el siguiente texto.

El vapor de agua que se produce dentro de un local ______________ la presión de ______________ del aire ambiente y esto provoca una diferencia de ______________ de vapor entre los ambientes ________________ y ________________. Esto hace que se produzca un proceso de difusión de vapor a través del cerramiento que separa el local del exterior, desde el ambiente con más presión de ________________, por lo general el interior, hacia el ambiente con que tenga una presión de ________________ más baja, generalmente el exterior.

15. **Indique la metodología a seguir para predecir si existirán o no condensaciones en el interior de un cerramiento.**

Capítulo 5

Soluciones energéticas para la edificación

Contenido

1. Introducción
2. Soluciones de instalaciones de climatización y alumbrado para cada tipo de edificación
3. Instalaciones de alta eficiencia energética
4. Integración de instalaciones de energías renovables en la edificación
5. Resumen

1. Introducción

Cada uno de los individuos que forman parte de la sociedad son, en mayor o menor medida, consumidores de energía, ya que gracias a esta se puede obtener calor, bienestar, confort, comunicación, progreso, etc. No obstante, es importante tomar conciencia de que la producción energética tiene un límite, además de afectar a la integridad del medio ambiente.

Esto hace que sea fundamental tomar medidas que favorezcan el consumo eficiente de energía, especialmente en los edificios, ya que el consumo de estos supone alrededor del 40 % del consumo energético total.

A lo largo este capítulo, se estudiarán diversas soluciones, aplicables a los edificios, que permiten reducir considerablemente el consumo energético de estos y que favorecen la sostenibilidad del medioambiente.

2. Soluciones de instalaciones de climatización y alumbrado para cada tipo de edificación

En el presente apartado se estudiarán multitud de propuestas y consejos que permiten reducir el consumo de iluminación y climatización de algunos de los tipos de edificios más usuales. Estos son:

- Edificios de viviendas.
- Edificios de oficinas.
- Edificios de centros docentes.
- Edificios de hospitales y centros sanitarios.

2.1. Edificios de viviendas

Tanto en las zonas comunes como en el interior de los edificios de viviendas, se pueden lograr importantes ahorros energéticos relacionados con el consumo de luz y climatización. A continuación se exponen algunas propuestas que permiten minimizar estos consumos.

El consumo energético de las viviendas depende de muchos factores, a los que es necesario prestar atención para maximizar el grado de eficiencia energética de este tipo de edificios.

Instalaciones de iluminación

Respecto a los sistemas y demás elementos que ayudan a reducir el consumo eléctrico relacionado con la iluminación de las viviendas, destacan:

- **Sistemas de encendido y apagado automático.** Estos sistemas permiten optimizar el consumo energético, ya que pueden activar o desactivar la iluminación de una estancia en función de la iluminación natural presente en la misma. También pueden actuar dependiendo de la ocupación de la zona correspondiente (sensores de presencia).
- **Lámparas de bajo consumo.** Tanto en zonas comunes como en el interior de la vivienda, es fundamental reemplazar las bombillas incandescentes por lámparas de bajo consumo.
- **Reguladores de intensidad luminosa.** Con la instalación de reguladores de intensidad luminosa se pueden conseguir ambientes más confortables y un menor consumo energético.

Sabía que...

Para un mismo nivel de iluminación, con la utilización de lámparas de bajo consumo se puede ahorrar hasta un 80 % de energía, pudiendo durar hasta 8 veces más que las bombillas incandescentes.

Lámpara de bajo consumo

Actividades

1. Observe la instalación de alumbrado de su vivienda y determine los sistemas y elementos que pueda añadir y/o reemplazar para lograr un menor consumo energético.

Instalaciones de climatización

Para reducir el consumo energético de las viviendas es necesario prestar especial atención a los sistemas de climatización, ya que más de la mitad del consumo de energía de estos edificios procede de los sistemas de climatización y agua caliente.

Importante

El consumo energético para la climatización de una vivienda depende fundamentalmente de:

- El clima de la zona donde se ubique.
- El diseño del edificio (aislamiento térmico de cerramientos; orientación del edificio; número, dimensiones y tipo de ventanas, etc.).
- La tecnología de los sistemas de climatización instalados.
- Los hábitos y necesidades de los usuarios.

Respecto a las medidas relacionadas con los sistemas de climatización que permiten ahorrar energía en este sentido, se pueden señalar:

- Integrar **sistemas de energías renovables** en la producción de frío y calor, de manera que actúen como fuentes de energía únicas o como instalaciones de apoyo a los sistemas convencionales. Es importante que la energía se genere lo más cerca posible del punto de consumo, ya que de esta manera se minimizan las perdidas energéticas por transmisión y distribución.

La energía solar es un tipo de energía renovable que se obtiene del sol y, con ella, se puede producir calor y electricidad.

- Siempre que sea posible, es importante **centralizar los sistemas de producción de calor,** ya que ofrecen un mayor rendimiento que los individuales.
- Si no es posible disponer de sistemas de calefacción a base de energías renovables o apoyados por estas, es preferible instalar **calderas gas** en lugar de calderas de gasóleo o termos eléctricos. Es conveniente elegir calderas de condensación o de baja temperatura, ya que ofrecen más rendimiento que las convencionales.
- Si se eligen sistemas de calefacción eléctricos, los más eficientes son: las **bombas de calor** (pueden ahorrar hasta un 60 % de energía en invierno), seguidas de los acumuladores (si se tiene tarifa nocturna), y por último los suelos radiantes. A no ser que se usen esporádicamente, se desaconseja la utilización de radiadores y convectores eléctricos.

  Definición de bombas de calor: las bombas de calor son dispositivos cuyo principio de operación es el mismo que el de de los frigoríficos y aires acondicionados, ya que son capaces de absorber el calor de un sitio y bombearlo hacia otro.
- Es muy importante que el sistema de calefacción instalado tenga un **regulador de temperatura** y **sensores de ambiente** con programador de tiempos y temperaturas. De esta manera se podrán controlar las necesidades de climatización de la vivienda dependiendo de los horarios de ocupación, actividades a realizar, temperatura en el exterior o interior, orientación de cada estancia, etc.
- A la hora de adquirir un sistema de aire acondicionado, es importante **consultar a un técnico** acerca de las características que debe tener para cubrir adecuadamente sus necesidades. Esto dependerá fundamentalmente de: la zona climática donde se ubique la vivienda, sus dimensiones, la orientación de las paredes, el número de personas que habitan la casa, etc.

Actividades

2. Enumere las medidas que crea que deberían tomarse para reducir el consumo de energía por climatización en su vivienda.

2.2. Edificios de oficinas

El hecho de que actualmente exista una gran cantidad de empresas, hace que existan también un gran número de oficinas y despachos que constituyen el entorno de trabajo diario de muchísimas personas.

El consumo de energía de estos lugares de trabajo constituye una partida muy importante del gasto de funcionamiento, derivado de los consumos en climatización, iluminación, equipos de oficina, etc.

Las oficinas suelen albergar una cantidad considerable de elementos consumidores de energía.

Instalaciones de iluminación

La iluminación supone uno de los puntos de consumo de energía más importantes en las oficinas, por lo que cualquier medida que se lleve a cabo para reducir este gasto tendrá una repercusión bastante significativa en el consumo energético total de estos edificios.

Las soluciones técnicas más singulares que permiten reducir el consumo de energía de los sistemas de iluminación de las oficinas son:

- **Uso de equipos de iluminación eficientes.** Cuando no se pueda recurrir a la iluminación natural, deberán usarse los sistemas de iluminación que presenten **índices elevados de eficiencia luminosa.** Para ello se deberá tener en cuenta las necesidades de iluminación de cada zona del edificio. El uso de lámparas fluorescentes o de bajo consumo y el empleo de balastos electrónicos son claros ejemplos de uso de equipos de iluminación eficientes.

- **Instalación de células sensibles a la luz.** Estos sistemas son capaces de ajustar automáticamente la cantidad de luz que emite una lámpara según sea la cantidad luz natural presente en la zona donde se instale.

  Existen dos tipos de sistemas sensibles a la luz:

  - **Todo/nada:** las lámparas se activan o desactivan automáticamente según sea el nivel de luminosidad detectado.
  - **Progresivos:** la cantidad de luz emitida por la lámpara varía paulatinamente según sea el aporte de luz natural.

- **Instalación de interruptores horarios.** Estos elementos permiten el encendido y apagado de las lámparas según sea el horario establecido en la zona donde se ubique el edificio, evitando que dichas luces se activen en momentos en los que no son necesarias (noches, festivos, fines de semana, etc.).
- **Sensores de presencia.** Estos dispositivos activan o desactivan automáticamente la iluminación en función de la presencia o no de personas en una zona determinada.
- **Limpieza y mantenimiento.** El polvo que se acumula en bombillas y luminarias influye negativamente, con el paso del tiempo, en el rendimiento de los sistemas de iluminación. Por este motivo se hace muy recomendable realizar un mantenimiento periódico y programado de la instalación de alumbrado, limpiando las fuentes de luz y sustituyendo aquellas bombillas que alcancen su vida útil.

Definición

Balastos electrónicos

Son dispositivos que limitan la corriente eléctrica que circula por una lámpara, suministrándole únicamente la energía necesaria para su operación. Estos elementos ahorran hasta un 30 % de energía, incrementan la vida útil de las lámparas hasta 50 % y hacen que la iluminación sea más confortable.

Balasto electrónico

Aplicación práctica

En la rehabilitación energética de un edificio de oficinas se decide instalar sensores de presencia como medida para reducir el consumo energético. ¿Cree que tendría sentido instalar estos dispositivos en el almacén de dicho edificio sabiendo que dicha estancia está permanentemente ocupada las 24 horas del día?

SOLUCIÓN

No tendría mucho sentido la utilización de sensores de presencia en el almacén de este edificio, ya que estos dispositivos actúan en función de la presencia o no de personas en una zona determinada, por lo que tendría más sentido su utilización en estancias donde el paso de personas no es continuo.

Instalaciones de climatización

Por lo general, el consumo de energía para la climatización de oficinas es excesivo, por lo que se hace muy importante tomar medidas que reduzcan este consumo.

Las soluciones más importantes que se pueden aplicar a las instalaciones de climatización de estos edificios para reducir su consumo energético, son:

- **Sistemas de refrigeración centralizados.** Estos sistemas, ya sean colectivos o individuales, son mucho más eficientes que las instalaciones independientes.
- **Ventiladores.** Las principales ventajas de los ventiladores son, que se instalan muy fácilmente y que son mucho más económicos que los equipos de aire acondicionado. Estos elementos constituyen una muy buena solución para reducir la sensación térmica del aire con el simple movimiento de este.
- **Enfriadores de aire/climatizadores evaporativos.** Estos aparatos son capaces de humedecer y refrescar el ambiente de una estancia hasta 12-16 ºC con respecto a la temperatura exterior, y son recomendables para climas secos y cálidos. No obstante, si la temperatura exterior es muy elevada, su eficiencia se ve reducida.

Enfriador de aire

- **Uso de equipos de climatización energéticamente eficientes.** Esta medida consiste en sustituir los viejos equipos de generación de frío/calor por otros sistemas que sean más eficientes. De esta manera se conseguirá reducir considerablemente el consumo de energía y la factura energética de la empresa.
- **Regulación de la temperatura de climatización.** Es importante utilizar sistemas de regulación de la temperatura para ajustarla a unos niveles óptimos y así mantener el confort de los empleados e impedir que se produzcan consumos de energía innecesarios.
- **Instalación de recuperadores de calor.** Los recuperadores de calor son intercambiadores de calor que se ponen en contacto con el aire interior y exterior del edificio. En invierno, el aire frío procedente del exterior se precalienta antes de entrar en el edificio, lo cual hace que se consiga reducir el consumo en calefacción. En verano también se reduce el consumo eléctrico asociado al aire acondicionado, gracias al preenfriamiento del aire que procede del exterior.

- **Mantenimiento de los equipos de climatización.** Es importante que, a lo largo de la vida útil de los equipos, se efectúen periódicamente operaciones de mantenimiento para asegurar el buen funcionamiento y rendimiento de las instalaciones de climatización.

Actividades

3. Busque en internet ejemplos de sistemas de climatización energéticamente eficientes y compare sus características con otros equipos de climatización convencionales. ¿Qué ventajas e inconvenientes cree que supone el uso de uno u otro tipo?

2.3. Edificios de centros docentes

Debido a que la educación es uno de los pilares fundamentales sobre los que se asienta la sociedad, es muy importante tomar conciencia de que las condiciones sobre las que se desarrolla el proceso formativo deben ser las más adecuadas y confortables.

El hecho de que actualmente exista una gran cantidad de centros docentes hace que también sea necesario considerar medidas relacionadas con el ahorro energético y económico en el funcionamiento de estos edificios.

Las universidades son ejemplos de centros docentes.

Instalaciones de iluminación

Respecto a las medidas y soluciones que se pueden llevar a cabo para reducir el consumo energético de iluminación en los centros docentes, destacan:

- **Detectores de presencia y movimiento para el control de iluminación.** La detección de las personas en las distintas zonas de los edificios hace que sea posible automatizar el control de los sistemas de iluminación instalados, apagando dispositivos cuando las habitaciones no estén ocupadas. Esto tiene especial utilidad en los centros docentes, ya que generalmente en los edificios colectivos, los usuarios suelen prestar poca atención al ahorro de energía.
- **Inmótica.** La domótica permite controlar todas las variables presentes en las distintas zonas de una vivienda para ser gestionadas energéticamente, mejorar el confort, la seguridad y las comunicaciones. Esta tecnología se conoce como **inmótica** cuando es instalada en un edificio del sector terciario, como es un centro docente.
  Con los sistemas inmóticos se puede controlar la iluminación de las zonas comunes (baños, pasillos, escaleras etc.) en función del nivel de luz natural y de la información recogida por los sensores de movimiento, cuya aplicación está recogida en el CTE. Además, con estos sistemas se puede monitorizar las horas de funcionamiento de las luminarias para efectuar un mantenimiento predictivo sobre las mismas.

Sistema inmótico inalámbrico

- **Iluminación fluorescente.** Por lo general, con el uso de luminarias fluorescentes se consiguen importantes ahorros energéticos y económicos, aunque sí que existen ciertas tecnologías que tardan varios años en amortizarse.

Instalaciones de climatización

En cuanto a las soluciones que permiten reducir el consumo energético por climatización en los centros docentes, se pueden señalar:

- **Detectores de presencia y movimiento para el control de climatización.** Estos sistemas también pueden usarse para automatizar las instalaciones de climatización de estos edificios.
- **Inmótica.** Existen sistemas inmóticos que pueden ser capaces de:
  - Controlar la climatización imponiendo un intervalo de temperaturas de actuación. Esto tiene la finalidad de evitar abusos de uso por parte del usuario.
  - Apagar la climatización de la sala cuando la ventana se encuentre abierta.
  - Activar el modo *standby* del climatizador cuando los alumnos abandonen el aula.
- **Energía solar térmica.** El uso de este tipo de instalaciones en los centros docentes suele tener la finalidad de:
  - Producción solar de agua caliente sanitaria.
  - Climatización solar de piscinas cubiertas.
  - Calefacción y refrigeración solar.

Actividades

4. Busque en internet catálogos de sistemas inmóticos y enumere las ventajas e inconvenientes que cree que supone la utilización de los mismos para reducir el consumo energético en los centros docentes.

2.4. Edificios de hospitales y centros sanitarios

Los establecimientos sanitarios, sobre todo los hospitales, son centros que consumen una gran cantidad de energía. Esto se debe fundamentalmente a que deben estar operativos las veinticuatro horas del día y los 365 días del año. A estas necesidades se le añade la constante demanda de disponibilidad de suministro, equipo médico, requisitos específicos de climatización y calidad del aire y control de enfermedades.

Esto hace que los proyectistas busquen continuamente medidas que reduzcan las necesidades energéticas y, por consiguiente, ahorrar en costes de funcionamiento, sin perder en grado de confort o calidad presente en estos edificios.

Los hospitales son edificios que consumen grandes cantidades de energía.

Instalaciones de iluminación

El consumo energético de las instalaciones de iluminación representa alrededor del 35 % del consumo eléctrico total de este tipo de edificios, por lo que cualquier medida que se tome para ahorrar energía en este sentido tendrá una importante repercusión en el consumo energético total.

Para las instalaciones de alumbrado existe una gran variedad de medidas que sirven para reducir el consumo energético, entre las que destacan:

- **Lámparas fluorescentes con balastos electrónicos.** Las lámparas fluorescentes son, por lo general, los elementos más utilizados para ser colocados en zonas donde se requiere una luz de buena calidad y pocos encendidos. Este tipo de lámparas necesitas de un elemento auxiliar, conocido como reactancia o balasto. Los balastos electrónicos tienen la ventaja de no tener pérdidas debidas a la inducción ni al núcleo, por lo que su consumo energético es mucho menor que en los balastos convencionales.
- **Lámparas led.** Las lámparas led son hasta un 80 % más eficientes que las lámparas incandescentes y fluorescentes, además de no necesitar equipos de arranque (balastos y cebadores). No obstante, estos elementos tienen el inconveniente de que tienen limitado el abanico cromático, dependiendo de la temperatura de calor. Por este motivo, las lámparas led suelen instalarse en lugares donde prima más la cantidad de luz que el rendimiento de color.

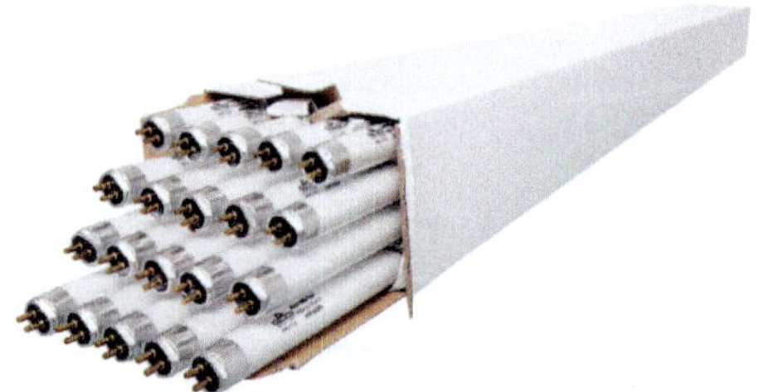

Lámparas de descarga

- **Lámparas fluorescentes compactas.** Estas lámparas son una muy buena solución respecto de las lámparas incandescentes tradicionales, ya que su uso puede suponer un ahorro energético de hasta un 80 %. Además suelen durar entre 8 y 10 veces más que las lámparas incandescentes. El inconveniente de estos elementos es que no alcanzan el 80 % de su flujo luminoso hasta que llevan encendidas un minuto.
- **Sustitución de luminarias.** Muchas luminarias actuales tienen sistemas reflectores especialmente diseñados para dirigir la luz de las lámparas en la dirección deseada. Por este motivo, la remodelación de centros sanitarios antiguos utilizando luminarias de elevado rendimiento, normalmente conlleva un significativo ahorro energético, así como una mejoría en las condiciones visuales.

Definición de luminarias: aquellos elementos donde va instalada la lámpara y tienen la principal función de distribuir adecuadamente la luz generada en la fuente.

- **Dispositivos de control de la iluminación.** Un buen sistema de control de alumbrado permite una iluminación adecuada en los momentos en los que sea necesaria y durante el tiempo que sea preciso. Con este tipo de sistemas se pueden obtener importantes mejoras en la eficiencia energética de los centros sanitarios, además de mantenerse los niveles de iluminación adecuados dependiendo de los usos de los espacios, momento del día, ocupación, etc.

Actividades

5. Enumere los lugares donde crea que puede ser apropiada la instalación de lámparas led, dentro de un centro sanitario.

Aplicación práctica

Para mejorar la eficiencia energética de una clínica, se desea reemplazar las lámparas incandescentes por lámparas led, las cuales presentan las siguientes características:

	Lámpara led	Lámpara fluorescente compacta
Potencia consumida cada hora de funcionamiento (W)	75	15
Vida media (h)	1000	8000
Precio kWh (€)	0.75	19

Continúa en página siguiente >>

<< Viene de página anterior

Si el precio del kWh estuviera a 0,13 €, ¿cree que se llega a amortizar el elevado precio inicial de estas lámparas fluorescentes a lo largo de su vida útil?

Nota: 1 kW = 1.000 W

SOLUCIÓN

Las lámparas incandescentes de la clínica tienen una vida media de 1.000 horas, por lo que, para asegurar 8.000 horas de luz sería necesario adquirir 8 de estas lámparas, lo cual tendría un coste de 6 € (0,75 · 8).

A este precio habrá que sumarle el consumo energético de las mismas, lo cual se puede determinar multiplicando la potencia que consumen en una hora (en kW) por su vida media (en horas) y por el precio del consumo de cada kWh:

$$0{,}075 \cdot 8.000 \cdot 0{,}13 = 78\ €$$

Por lo tanto, el coste que supone utilizar ocho de estas lámparas incandescentes durante 8.000 horas sería de: 84 € (6 + 78).

De la misma manera se puede determinar el coste que supondría la utilización de una sola lámpara fluorescente compacta:

$$0{,}015 \cdot 8.000 \cdot 0{,}13 = 15{,}6\ €$$

A este precio habrá que sumarle el coste de una de estas lámparas (ya que una sola dura 8.000 horas):

$$19 + 15{,}6 = 34{,}6\ €$$

A la vista de los resultados, se puede afirmar que el precio inicial de estas lámparas fluorescentes se amortiza mucho antes de que se agote su vida útil.

Instalaciones de climatización

Por lo general, los sistemas de climatización son los que ocupan el primer puesto respecto al consumo de energía de una instalación sanitaria. Las principales medidas que se pueden tomar para reducir el consumo energético de las instalaciones de climatización de estos edificios son:

- **Control y regulación.** Una mejora de notable importancia que permite reducir la demanda de energía para calefacción y aire acondicionado consiste en implantar un sistema de control y regulación que gobierne el modo de operación de los dispositivos de climatización según sea la demanda o zona del edificio.
- ***Freecooling.*** Este sistema de reducción del consumo energía es capaz de enfriar gratuitamente un local cuando las condiciones exteriores son favorables, lo cual reduce el uso de los equipos de aire acondicionado.
- **Aprovechamiento de calor de los grupos de frío.** En los aparatos de aire acondicionado, el calor del condensador que extraen los equipos frigoríficos puede ser aprovechado, mediante la utilización de intercambiadores de calor, para producir agua caliente, la cual puede ser necesaria en otra parte de la instalación.
- **Recuperación de calor del aire de ventilación.** Esta solución consiste en instalar recuperadores de calor del aire de ventilación, en los que se produce un intercambio de calor entre el aire que se extrae del edificio y el aire exterior que se introduce para la renovación del aire que hay en el interior.
- **Bombas de calor.** La utilización de bombas de calor supone una inversión menor que el uso de sistemas mixtos de refrigeración y calefacción. Además, las bombas de calor proporcionan un ahorro de espacio y una simplificación de las tareas de mantenimiento.
- **Calderas de baja temperatura.** En condiciones normales de funcionamiento, las calderas convencionales operan con agua caliente cuya temperatura oscila entre 70 °C y 90 °C, y con temperaturas de retorno del agua mayores que 55 °C. En cambio, las calderas de baja temperatura son capaces de aceptar agua a temperaturas menores que 40 °C, lo cual hace que en las tuberías de distribución se produzcan menos pérdidas de calor.

- **Sustituir el gasóleo por gas natural.** Aunque el combustible que más se usa en este sector es el gas natural, todavía existen instalaciones que tienen calderas de gasóleo. A día de hoy, a medida que se va extendiendo la instalación las redes de distribución de gas natural, este combustible va adquiriendo una mayor implantación, lo cual se debe a las evidentes ventajas que supone su uso, tanto a nivel energético y económico, como a nivel medioambiental.

Sabía que...

Con la optimización de los sistemas de climatización de los centros sanitarios se pueden lograr ahorros energéticos de hasta un 40 %.

Actividades

6. Piense en el centro sanitario más cercano a su domicilio e indique las medidas que cree deberían tomarse para mejorar la eficiencia energética de dicha instalación.

3. Instalaciones de alta eficiencia energética

Las **instalaciones de alta eficiencia energética** son aquellas en las que, continuamente, se busca mejorar el uso de energía mediante sistemas que favorezcan el uso más eficiente de la misma. Esto se consigue reduciendo: su consumo, los costes financieros asociados y las emisiones de gases de efecto invernadero; además de aprovechar mejor las energías renovables.

Sabía que...

El uso de sistemas de alta eficiencia energética en las empresas permiten, desde el momento en el que se implementan, reducir la factura energética progresivamente, logrando, en un periodo de tiempo muy breve, un ahorro energético superior al 20 %; todo ello sin disminuir la calidad de los servicios que ofrecen.

Para que estos sistemas contribuyan en la mejora de la eficiencia energética de un edificio determinado, deberán considerarse una serie de factores, tales como:

- Las condiciones climáticas de la localidad.
- Las particularidades propias de la zona donde se ubique el edificio.
- Las exigencias de climatización del interior de la edificación.
- La relación que existe entre coste inicial y la eficacia de los sistemas que se deseen implementar.

La utilización de calderas de alta eficiencia energética permite reducir considerablemente el consumo energético de los edificios.

Actividades

7. Busque en internet tres ejemplos de equipos de alta eficiencia energética y enumere los aspectos más significativos que los caracterizan.

4. Integración de instalaciones de energías renovables en la edificación

Se conocen como **energías renovables** aquellas que se obtienen de fuentes naturales virtualmente inagotables, ya sea porque contienen enormes cantidades de energía, o bien, porque son capaces de regenerarse por medios naturales.

Como se ha visto a lo largo del presente manual, integrando medidas de ahorro y eficiencia energética en los edificios, se puede reducir enormemente la factura de energía. Para las necesidades que todavía no estén cubiertas con dichas medidas, se puede hacer uso de sistemas de energías renovables, las cuales destacan por:

- Tener un impacto ambiental muy reducido.
- Son virtualmente inagotables.
- Pueden usarse tanto en las viviendas como en edificios industriales para obtener electricidad, agua caliente sanitaria, climatización, etc.

El nivel de aporte de las energías renovables en nuestro país es bajo, pero se prevé (y se desea) que vaya aumentando progresivamente en el futuro.

Respecto a las instalaciones de energías renovables que más se integran en los edificios destacan las de energía solar térmica y energía solar fotovoltaica. A continuación se estudiará en qué consisten estos sistemas.

4.1. Energía solar térmica

La energía solar térmica de baja temperatura consiste en aprovechar de la radiación incidente del Sol para **calentar un fluido** a temperaturas que estén por debajo de las de evaporación (por lo general, inferiores a 100 ºC).

Estas instalaciones consisten fundamentalmente en unos **captadores solares** térmicos que están constituidos por una placa metálica absorbedora dentro de la cual circula un fluido (normalmente agua). Lo normal y más deseable es integrar los captadores en la cubierta del edificio en cuestión.

Cualquier instalación térmica necesita, además, de un **sistema de acumulación** del agua caliente que consiste un depósito aislado térmicamente que almacena el agua producida y que permite utilizarla en cualquier momento en el que el usuario la necesite.

Captadores solares térmicos instalados en la cubierta de un edificio

Otra parte importante de las instalaciones solares térmicas es el denominado **sistema de apoyo o auxiliar,** el cual sirve para complementar el aporte solar en los periodos en los que exista escasa radiación solar o la demanda de energía sea superior a la prevista. De esta forma siempre se garantiza la demanda térmica del usuario.

Los sistemas de energía solar térmica que más se utilizan en la viviendas son los denominados **compactos,** que consisten en un conjunto montado en fábrica con todos los elementos necesarios y que se instala incluyéndolo en la instalación de agua caliente del edificio en cuestión, normalmente en una terraza o similar orientados convenientemente al sur.

Sistema compacto de energía solar térmica

Por otro lado, existen los sistemas **partidos.** Esta solución consiste en integrar los paneles en la cubierta y el depósito acumulador en otro lugar del edificio, donde no se vea desde el exterior.

Actividades

8. ¿Qué ventajas cree que puede suponer el uso de sistemas de energía solar térmica partidos respecto a los compactos? Razone su respuesta.

El uso de la energía solar térmica de baja temperatura en los edificios tiene las siguientes aplicaciones fundamentales:

- **Producción de Agua Caliente Sanitaria (ACS).** Esta es la aplicación más extendida, ya que es la que mejor se adapta a las características estos sistemas. Los niveles de temperatura de ACS no son elevados (oscilan entre 45 ºC y 60 ºC) y su utilización abarca todos los meses del año.
- **Climatización de piscinas.** En el caso de piscinas cubiertas, al igual que en el caso del ACS, el aprovechamiento de esta energía abarca la totalidad del año. Por este motivo, el uso de la energía solar térmica para esta aplicación es de obligado cumplimiento según lo establecido Documento Básico DB HE4 del CTE.
- **Calefacción.** Esta aplicación es fiable siempre que se opte por soluciones de climatización de baja temperatura tales como suelo radiante o radiadores de baja temperatura con temperaturas típicas de impulsión comprendidas entre 40 ºC y 55 ºC. El aprovechamiento de energía solar para el uso de calefacción abarca únicamente los meses de invierno.

4.2. Energía solar fotovoltaica

Las instalaciones de energía solar fotovoltaica permiten aprovechar la energía procedente del sol para transformarla en electricidad.

Al principio, estos sistemas se usaban para proporcionar energía eléctrica a aquellos lugares en los que no resultaba rentable llevar las líneas eléctricas **(instalaciones aisladas).** No obstante, en la actualidad tienen más interés las instalaciones fotovoltaicas que están **conectadas a la red,** en las que parte de la energía eléctrica producida es vertida a la red eléctrica. Con esta alternativa, a fin de mes el usuario podrá cobrar de la compañía suministradora, el resultado de esta “venta de energía”.

Los principales componentes de los que consta una instalación fotovoltaica son:

- **Placas fotovoltaicas de células de silicio.** Son los elementos que captan la energía solar y la transforman en electricidad.

Instalación de paneles fotovoltaicos en la cubierta de un edificio

- **Soportes de los paneles solares.** Estos pueden ser fijos o variables.
- **Inversor u ondulador.** Este dispositivo transforma la corriente continua, generada por las placas y almacenada en las baterías, en corriente alterna para que pueda ser vertida a la red eléctrica y para que sea apta para alimentar a los diferentes aparatos de consumo.
- **Sistemas de protección** para corriente alterna y continua.
- **Contadores.** Contabilizan la energía a facturar cuando se vierte a la red.
- **Baterías de almacenaje.** Almacenan la energía eléctrica producida para ser utilizada cuando el usuario la necesite.

Respecto a la colocación de los paneles solares en los edificios, lo más habitual es instalarlos en las cubiertas de los mismos. No obstante, cada vez más está tomando más protagonismo la denominada **integración fotovoltaica de los edificios,** lo cual consiste en sustituir materiales convencionales de construcción por nuevos elementos arquitectónicos fotovoltaicos que son capaces de generar energía eléctrica. Con esta tecnología es posible construir fachadas de edificios que cumplan la doble función de protección y

Fachada constituida por paneles fotovoltaicos

generación de energía. Esto proporciona a arquitectos y diseñadores unas posibilidades únicas de diseño.

Aplicación práctica

En la rehabilitación energética de una vivienda se desea instalar paneles fotovoltaicos en la cubierta de la misma. Dicha vivienda está rodeada por solares sin edificar y por otros edificios de diferentes alturas. ¿Qué procedimiento cree que se debería seguir para asegurar un buen rendimiento de los paneles a instalar?

SOLUCIÓN

En primer lugar, sería necesario comprobar que, durante todo el año y en cualquier momento del día, los edificios colindantes no proyecten sombra sobre la zona de la cubierta donde se deseen instalar los paneles, lo cual haría que la captación de energía solar no fuera eficiente. Por otro lado, sería muy importante consultar la normativa urbanística correspondiente, por la posibilidad de que, en el solar colindante, se construya un edificio que impida o minimice la captación de luz de los paneles a instalar.

5. Resumen

Existen muchos tipos de soluciones energéticas que se pueden aplicar a los edificios para reducir considerablemente el consumo energético de los mismos.

La elección de cada solución que se desee implementar dependerá de varios factores, como pueden ser:

- Las características del edificio.
- Las necesidades energéticas de los espacios interiores.
- Las particularidades de la zona donde se ubique el edificio.
- Etc.

En este capítulo se han estudiado algunos aspectos relacionados con las soluciones que permiten reducir el consumo energético de los edificios, como son:

- Tipos de soluciones a aplicar en las instalaciones de climatización y alumbrado según el tipo de edificio que se trate: viviendas, oficinas, centros docentes y sanitarios.
- Definición de sistemas de alta eficiencia energética.
- Definición, características y aplicaciones de las instalaciones solares térmicas y fotovoltaicas.

Ejercicios de repaso y autoevaluación

1. Las lámparas de bajo consumo...

a. ... duran más que las incandescentes.
b. ... consumen menos que las incandescentes.
c. ... suelen ser más caras que las incandescentes.
d. Todas las opciones son correctas.

2. Para mejorar la eficiencia energética de una vivienda, ¿por qué es importante prestar especial atención al consumo energético de los sistemas de climatización y agua caliente?

____

____

3. ¿De qué depende principalmente el consumo energético necesario para climatizar adecuadamente una vivienda?

____

____

____

____

____

____

____

4. Los dispositivos que son capaces de extraer calor de un sitio y bombearlo hacia otro, se denominan...

a. ... bombas de calor.
b. ... calderas.
c. ... radiadores.
d. ... convectores.

5. Complete la siguiente oración.

Los sensores de _______________ activan o desactivan automáticamente la iluminación en función de la _______________ o no de _______________ en una zona determinada.

6. ¿Qué es la inmótica?

____

____

____

____

7. El consumo energético de las instalaciones de iluminación de los hospitales, supone alrededor del...

a. ... 10 % del consumo energético total.
b. ... 35 % del consumo energético total.
c. ... 75 % del consumo energético total.
d. ... 90 % del consumo energético total.

8. ¿Qué ventajas pueden aportar, desde el punto de vista de la eficiencia energética de los edificios, el uso de dispositivos de control de iluminación en los centros sanitarios?

____

____

____

____

____

____

____

9. Por lo general, los sistemas que más energía consumen en un hospital, son:

a. Los de alumbrado.
b. Los de climatización.
c. Los de ACS.
d. Todas las opciones son incorrectas.

10. ¿Qué factores deben tenerse en cuenta para que un sistema de alta eficiencia energética contribuya adecuadamente a reducir el consumo de energía en un edificio?

____
____
____
____
____
____
____

11. Complete la siguiente oración.

La energía solar térmica de baja ____________ consiste en aprovechar la radiación incidente del Sol para ____________ un ____________ a temperaturas que estén por debajo de las de evaporación (por lo general, inferiores a 100 ºC).

12. Enumere las principales aplicaciones de la energía solar térmica en los edificios.

____
____
____
____

13. Los paneles solares fotovoltaicos generan...

a. ... calor.
b. ... electricidad.
c. ... calor y electricidad.
d. Todas las opciones son incorrectas.

14. Enumere los principales componentes que constituyen una instalación fotovoltaica conectada a red.

15. ¿En qué consiste la integración fotovoltaica de los edificios?

Bibliografía

Monografías

Código Técnico de la Edificación. Madrid: Editorial Tecnos, 2013.

Textos electrónicos, bases de datos y programas informáticos

ANAPE: *Guía técnica para la rehabilitación de la envolvente térmica de los edificios,* de: <https://anape.es/wp-content/uploads/Guia-tecnica-Rehabilitacion-ANAPE-Web-maquetada.pdf>.

Arquitectura y Urbanismo: *Calculo del "factor solar modificado" en lucernarios*, de: <https://arquitectur.blogspot.com/2011/04/calculo-del-factor-solar-modificado-en.html>.

BOSQUED García, Roberto: *Diseño pasivo y eficiencia energética*, de: <http://www.e-edificacion.com>.

CALORYFRIO: *¿Qué es la envolvente térmica del edificio? Cómo mejorar su aislamiento,* de: <https://www.caloryfrio.com/construccion-sostenible/aislamiento-y-humedad/que-es-la-envolvente-termica-del-edificio-mejorar-aislamiento.html>.

CALORYFRIO: *Cómo solucionar las humedades por condensación,* de: <https://www.caloryfrio.com/construccion-sostenible/aislamiento-y-humedad/como-solucionar-humedades-condensacion.html>.

- CALORYFRIO: *Cómo solucionar las humedades por condensación,* de: <https://www.caloryfrio.com/construccion-sostenible/aislamiento-y-humedad/como-solucionar-humedades-condensacion.html>.

- Código Técnico de la Edificación (CTE), de: <www.codigotecnico.org>.

- Diccionario de la construcción: *Diccionario online de la construcción,* de: <https://www.diccionariodelaconstruccion.com/>.

- ENACTIO: *Oficinas sostenibles: qué son y cómo transformar la tuya en una,* de: <https://www.enactio.com/noticias/oficinas-sostenibles/>.

- ENVIRA: *Análisis del ciclo de vida,* de: < https://envira.es/es/analisis-de-ciclo-de-vida/>.

- Fundación de la Energía de la Comunidad de Madrid: *Guía de ahorro y eficiencia energética en centros docentes*, de: <www.fenercom.com>.

- Fundación de la Energía de la Comunidad de Madrid: *Guía de ahorro y eficiencia energética en hospitales*, de: <www.fenercom.com>.

- Fundación de la Energía de la Comunidad de Madrid: *Soluciones energéticamente eficientes en la edificación*, de: <www.fenercom.com>.

- Fundación FIDAS: *CTE HE 1 Limitación de demanda energética. Ejemplo de cálculo y dimensionado*, de: <www.scalofrios.es>.

- GONZÁLEZ, A. y GUTIÉRREZ, P. A.: *Las humedades de condensación*, de: <todoedificacion.blogspot.com.es>.

- GORMA: *Humedad en casa*, de: <www.gorma-imper.com>.

- Grupo de Ingeniería Gráfica y Simulación, Escuela Técnica Superior de Ingenieros Industriales, Universidad Politécnica de Madrid: *Cimentaciones*, de: <ocw.upm.es>.

- HUMEGAL: *Tipos de humedades*, de: <humegal.blogspot.com.es>.

- IES Estelas de Cantabria: *Soluciones al cálculo de huecos*, de: <www.scalofrios.es>.

- Instalaciones Electrotécnicas: *Reglamento sobre Condiciones Técnicas y Garantías de Seguridad en Líneas Eléctricas*, de: <instalacioneselectrotecnicas.blogspot.es>.

- Instituto Valenciano de la Edificación: *¿Cómo ahorrar energía en iluminación?*, de: <www.five.es>.

- IUSES: *Uso de la energía en los edificios*, de: <www.iuses.eu>.

- LEMARA: *Los peligros de las humedades estructurales,* de: <https://www.lemara.es/humedades-estructurales-que-peligros-traen-consigo/>.

- REITEC, Servicios de Ingeniería: *Humedad relativa*, de: <www.reitec.es>.